全国农业职业技能培训教材

沼气物管员

ZHAOQI WUGUANYUAN

（技　师）

农业部人事劳动司
农业职业技能培训教材编审委员会　组织编写

邱　凌　王久臣　主　编

U0313632

中国农业出版社

图书在版编目（CIP）数据

沼气物管员：技师/邱凌，王久臣主编；农业部
人事劳动司，农业职业技能培训教材编审委员会组织编写
组织编写.—北京：中国农业出版社，2014.6（2015.4 重印）
全国农业职业技能培训教材
ISBN 978-7-109-19285-0

Ⅰ.①沼…　Ⅱ.①邱…②王…③农…④农…　Ⅲ.
农村－沼气利用－技术培训－教材　Ⅳ.①S216.4

中国版本图书馆 CIP 数据核字（2014）第 126350 号

中国农业出版社出版
（北京市朝阳区麦子店街 18 号楼）
（邮政编码 100125）
策划编辑　王森鹤　颜景辰

中国农业出版社印刷厂印刷　新华书店北京发行所发行
2014 年 6 月第 1 版　2015 年 4 月北京第 2 次印刷

开本：889mm×1194mm 1/32　印张：6.625
字数：180 千字
定价：30.00 元
（凡本版图书出现印刷、装订错误，请向出版社发行部调换）

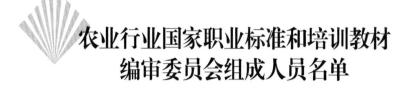

农业行业国家职业标准和培训教材
编审委员会组成人员名单

主　任　曾一春

副主任　唐　珂

委　员　（按姓氏笔画排序）

王久臣　　王功民　　王宗礼　　石有龙

叶长江　　冯忠泽　　向朝阳　　刘英杰

齐　国　　孙有恒　　严端详　　李书民

杨培生　　何才文　　张兴旺　　欧阳海洪

国彩同　　金发忠　　胡乐鸣　　郭立彬

黄伟忠　　谢建华

本书编委会

前　言

在党中央、国务院的高度重视下，在各级政府积极推动下，通过农村能源体系努力工作，全国农村沼气建设快速发展，取得了显著的经济、社会和生态环境效益，受到社会各界的广泛关注和农民群众的普遍欢迎，已经成为发展现代农业、建设社会主义新农村和创建"美丽乡村"的重要抓手。2003—2013 年，中央累计安排 339 亿元用于农村沼气建设。截至 2013 年年底，全国沼气用户达到 4 300万户，沼气工程 10 万处，年总产气量 157.84 亿米^3，农村沼气呈现出多元化的发展格局。随着农村沼气设施的日益增多和使用年限的延长，相应的技术服务、维护维修等需求量也越来越大，逐渐成为农村沼气建设与发展的重点工作之一。各级政府、各有关部门把农村沼气服务体系建设作为推进农村沼气健康发展的关键举措，进一步加大人力、物力和财力的投入，开展沼气服务体系建设。为此，从 2007 年开始，农业部和国家发展和改革委员会启动了沼气乡村服务体系建设。到 2013 年年底，全国已建成乡村服务网点 10.52 万个、市（县）级沼气服务站 1 027 处，地（市）级服务站 51 个 314 人，省级实训基地 15 个 173 人，直接从事沼气后续服务的从业人员达到 17．8 万人。为推进农村沼气健康发展，2010 年农业部颁布实施《沼气物管员》职业技能标准，在全国农村能源行业开展沼气物管员的师资培训及技能鉴定工作。目前，已有近 20 个省份开展了沼气物管员的培训鉴定，服务于各级沼气服务网点及各类沼气工程的持证技工对沼气设施日常维护保养、维修发挥了重要作用。

《沼气物管员（技师）》作为《沼气物管员》系列教材之一，以沼气物管员技师为对象，以职业活动为导向，以职业技能为核心，以模块式的教学方法，简明扼要地介绍了完成中小型沼气工程后续维护中每一项具体操作的方法、程序、步骤等。教材共分六章，以通俗易懂的文字介绍了中小型沼气工程中的发酵装备、输配装备、使用装备、配套装备、沼肥综合利用、后续服务与运营等方面的知识和技术。旨在通过本教材的学习和技能锻炼，使正在从事或准备从事沼气物管员的从业者具备技师的专业技术和能力。

本教材是编委会集体智慧的结晶，凝聚着编写者共同的心血。在教材构架和编写过程中，自始至终受到农业部人事劳动司和科技教育司等职能部门领导的关怀和指导，得到农业部职业技能鉴定指导中心和农村能源职业技能鉴定指导站的业务指导，同时也得到了农业部沼气科学研究所、德国国际合作机构（GIZ）及有关省农村能源主管部门的大力支持。在编写过程中，参考了大量的沼气科技著作、工程案例、装备资料和一些地方沼气推广部门的指导丛书，在此谨致衷心感谢。

本教材在广泛征求相关专家、基层沼气工作者和沼气物管员意见的基础上，经过初审和终审，进行了多次修订后定稿。参加本教材编写工作的有邱凌、郭强、杨北桥、席新明、罗马司（德国）、梁勇、葛一洪、刘芳、张月、周彦峰、潘君廷、王蕾、张容婷等同志，万小春、张衍林、梅自力、林聪、曾邦龙、李惠斌、徐志宇等同志参加了审稿和修改工作，全书由邱凌教授统稿和修订。由于专业知识水平有限，加之时间仓促，工作量大，书中不当之处在所难免，敬请各位读者提出宝贵建议，以便再版时修订。

编写组

2014 年 4 月

目　录

第一章　发酵装置运行维护

本章的知识点是学习中小型沼气工程发酵装置运行维护技术，重点是掌握原料预处理、日常运行、故障诊治和安全生产等技能。

第一节　中小型沼气工程原料预处理

根据国家农业行业标准《沼气工程规模分类》（NY/T 667—2011），中小型沼气工程厌氧发酵罐单体容积在 $20\sim500$ 米^3 的规模，发酵原料通常为中小型畜禽养殖场和养殖小区动物粪尿、农村学校公厕粪污及设施农业生产剩余物，其中常混杂有泥沙、浮渣、较大颗粒的块状物和长纤维等杂物。为便于用泵输送及防止发酵过程中出现故障，或者为了减少原料中的悬浮固体含量，在进入沼气池前进行处理等，要充分做好发酵原料的预处理。

第一单元　养殖小区粪污预处理

学习目标：根据养殖小区沼气发酵原料的基本特性，完成粪污的预处理。

一、养殖粪污预处理

一个完整的养殖小区沼气工程，无论其规模大小，粪污预处理系统包括如下几个部分：粗细格栅、集水沉淀池、除渣池、储料池和酸化升温池（图1-1）。主要预处理工作有：

（一）隔栅清杂

由于畜禽在养殖过程中大多采用人工清运粪便，并且室外堆放，在粪便的收集过程中，还会混入垫料、麻绳、塑料袋等大量杂

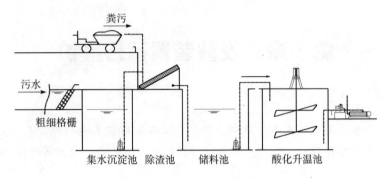

图 1-1 养殖粪污预处理工艺流程

物。另外，鸡粪中的鸡毛、牛粪中的长草等杂物进入沼气发酵装置不易消化，如不经预处理，还会影响原料分解率及产气率，并且输料管路容易堵塞，必须根据畜禽粪便的性质及沼气发酵工艺对原料的要求，进行有效的预处理。在粪污排入口设置格栅，清除其中的垫料、麻绳、塑料袋、鸡毛、长草等杂物，以便后处理单元的正常运行。

（二）沉沙除渣

畜禽粪便在堆放、收集、运输的过程中难免会掺杂进土块、沙石等杂物。另外，鸡粪中含有较多贝壳粉和沙砾等，若直接进入沼气池进行发酵，会很快大量沉积于沼气池底部，不仅难以排除，而且会降低沼气池的有效容积，还会导致后处理泵输送困难，甚至出现发酵故障。因此，在沼气池前应设置沉砂池，使畜禽粪便在进入沼气池前进行沉砂除渣预处理，将污物中物理、化学及生物性质不同的无机颗粒和有机颗粒进行分离，以便后处理单元的正常运行。

（三）浓度调节

目前，畜禽粪便厌氧发酵大多采用湿式发酵，即原料浓度为8%～10%，而畜禽粪便的含水率大多在70%～80%。另外，由于厌氧发酵对碳氮比（C/N）的要求，加料时需要添加适量的碳含量较高的农作物秸秆，因此需要对发酵物料的浓度进行调节。原料浓度过高时，氨态氮和挥发酸容易积累，从而抑制产甲烷菌的生长和新陈代谢，甚至会导致发酵过程的终止。反之，原料浓度过低，会造成细菌营养不足，发酵产气不旺，不能充分利用发酵罐容积，发酵效率低。

（四）温度调节

厌氧发酵过程受温度变化的影响很大，在一定的温度范围内，产气会随着温度的上升而加快，而当温度降低时，产气率则下降。在我国北方冬季寒冷的地区，厌氧发酵受到了很大程度的抑制，有些沼气池甚至不产气。由于投资限制，我国农村中小型沼气工程一般没有增温设施，发酵装置建在地下，发酵料液温度随季节的变化，受气温、地温的直接影响波动较大。因此，应根据发酵原料的性质、来源、数量，以及厌氧发酵的目的、要求、用途和经济效益，在采用塑料大棚、太阳能温室对厌氧发酵装置进行整体保温的基础上，尽可能利用太阳能和生产、生活余热对发酵原料进行增温加热，以保证沼气池的正常发酵和产气。

（五）碳氮调节

畜禽粪便中的氮素含量较高，因此碳氮比较低，不适合厌氧发酵的要求。一般的厌氧发酵所需的碳氮比为 25～30：1，当氮的含量很高时，高浓度的铵态氮会抑制厌氧发酵产甲烷。在发酵过程中当氨增加到一定浓度时，会对产甲烷菌形成氨抑制，甲烷产量降低。因此，需要对发酵过程中的碳氮比进行调控。

一般采取向发酵原料中加入含碳量较高的农作物秸秆的方法来降低氮的相对含量，调节碳氮比至适宜的范围，保证厌氧发酵过程正常运行。

二、注意事项

1. 牛粪中的长草、鸡粪中的鸡毛都应去除，否则极易引起管道堵塞。

2. 采用绞龙除草机去除牛粪中的长草，可以收到较好的效果，再配用切割泵进一步切短残留的较长纤维和杂草，可有效地防止管路堵塞。

3. 鸡粪中含有较多贝壳粉和沙砾等，必须进行沉淀清除，否则会很快大量沉积于沼气池底部，不仅难以排除，而且会降低厌氧反应器的有效容积。

三、相关知识

（一）畜禽粪便的物料特性

畜禽粪便含有大量未消化的蛋白质、矿物质元素、粗脂肪和一定数量的碳水化合物，其含水率一般为70%～80%，且含有丰富的氮、磷、钾，具有高含水率、高营养成分等特点，特别适合作为沼气发酵的原料。但由于畜禽粪便中的氮含量较高，造成了较低的C/N，因此在发酵过程中需加入碳含量较高的农作物秸秆，以降低氮的相对含量，从而保证厌氧发酵过程的正常进行。表1-1列出了各主要畜禽粪便的物料特性，供运行管理参考。

表1-1　主要畜禽粪便的物料特性

	鸡粪	猪粪	奶牛粪	肉牛粪	羊粪
全氮（克/千克）	35.40	25.56	17.75	16.65	22.08
全磷（克/千克）	17.10	19.39	5.47	6.50	13.3
全钾（克/千克）	17.22	11.69	8.56	7.80	2.5
挥发性固体（%）	80～82	77～84	70～75	79～83	68
总固体（TS）浓度（%）	29～31	20～25	16～18	20～22	30
C/N（克/克）	9～11	13～15	17～26	7～16	28.5
pH	7.7	7.6	7.8	7.5	7.5

注：由于原料来源差异较大，表格中数值可取数据中间值。

（二）畜禽粪便的产气潜力

畜禽粪便具有较好的产气潜力（表1-2），据2013年统计数据估算，若中国畜禽养殖业粪便资源的收集系数为0.6，则沼气资源总潜力为1 200亿米³，约合675亿米³天然气，仅此一项相当于中国天然气年消费量1 676亿米³的38.2%。

表1-2　主要畜禽粪便的产气潜力

发酵原料	猪粪	牛粪	鸡粪	羊粪	马粪	鸭粪	兔粪
TS产气（毫升/克）	420	300	310	214	340	441	210

第二单元 农村学校公厕粪污预处理

学习目标：根据农村学校公厕粪污的基本特性，完成农村生态校园沼气厕所粪污的预处理。

一、学校公厕粪污预处理

农村学校公厕是学校一种重要的卫生设施，每天接纳、蓄积师生日常生理活动中排泄的绝大部分污染物，而且公厕粪污有机浓度高，恶臭气体含量大。如果这些粪污未经过任何处理集中排放或处理不当，致使病原菌繁殖与传播，不仅影响学校师生的身心健康，而且给农村生态环境造成严重的破坏，影响校园及周边地区经济可持续发展。然而，粪污中含有丰富的有机物和氮、磷、钾，是很好的肥源，采取沼气厌氧发酵技术生产沼气和沼肥，可以实现粪污无害化处理和资源化利用，达到经济效益、社会效益、生态效益的统一。

学校公厕粪污中最难处理的是卫生巾、塑料袋等难降解杂物，这些杂物进入沼气发酵装置后，容易引起污物泵堵塞。另外，由于人粪尿中的氮含量较高，碳氮比（2.9∶1）很低，可每隔 10 天左右向沼气池内补充适量的纯净牛羊粪，否则在沼气系统运行过程中厌氧发酵过程容易形成氨抑制而影响产气，其中牛羊粪中含有较多易漂浮的纤维，也必须进行预处理。除此之外，还有少量沙砾等。因此，如不经预处理直接入池，会影响原料分解率和产气率的提高，且易堵塞管路，所以在发酵原料进入沼气发酵装置前，要对原料进行预处理。

（一）隔栅清杂

为方便管理和维护，格栅间与沉沙池合建，格栅间过滤出的物料直接进入沉沙池。公厕粪污中含有大量的卫生巾和塑料袋等杂物，若直接冲洗入池，势必造成后处理泵输送困难，甚至发酵出现故障。因此，在粪污排入口设置格栅，分离去除公厕粪污中的飘浮杂物。沉砂池的作用是将污物中物理、化学及生物性质不同的无机颗粒和有机颗粒进行分离，以便后处理单元的正常运行。

（二）重力沉砂

地面硬化不完全的农村学校，学生如厕时，鞋底所带的泥沙必然带入厕所，随之进入沼气池。如果不在沼气池前处理池沉淀清除，会很快大量沉积于沼气池底部，不仅难以排除，而且会降低沼气池的有效容积，会导致后处理泵输送困难，甚至发酵出现故障。因此，在农村校园公厕沼气池前应设置沉砂池，使人粪尿在进入沼气池前进行沉砂处理，定期清除沉沙池中的泥沙，保证后处理单元的正常运行。

（三）碳氮调节

农村校园公厕沼气系统主要利用人粪尿作为发酵原料，人粪尿的碳氮比很低，不适宜沼气微生物发酵产气，因此需要设置酸化升温池。酸化升温池对格栅沉沙池拦截后的粪污进行浓度调节、碳氮调节、温度调节、原料混合和原料计量，并起到初步水解酸化作用，以满足厌氧发酵工艺的技术要求。

酸化升温池不但可沉淀寄生虫卵，而且由于池内粪尿含量高、水分比例小，粪便腐熟发酵的速度快、池中氨含量较高，所以杀灭肠道寄生虫卵及肠道致病菌的效果好（因为氨及缺氧的环境和厌氧菌产生的代谢产物是杀卵灭菌的主要因素）。因此，粪尿液经过20~40天的预处理，由酸性变为碱性，加之粪便在常温下的产气高峰在第40~80天，所以不但不会对沼气产量产生影响，反而有利于产甲烷菌的生长繁殖。

二、注意事项

1. 清洗农村学校公厕便槽要用5％左右的盐酸溶液，严禁用洁厕净等具有杀菌作用的清洗剂清洗厕所便槽，以免杀死沼气微生物，形成发酵中断。

2. 厕所粪污中的塑料废弃物必须清除干净后，方可作为原料投入沼气池。

3. 厕所粪污碳氮比很低，要定期添加碳氮比高的农作物秸秆等原料将发酵原料的碳氮比调节至适宜产气的范围。

三、相关知识

（一）营养成分

沼气生产是靠微生物的生长繁殖来实现的，而池内的活性微生物需要连续补充大量和微量养分。除碳源（C）以外，大量元素还包括氮（N）、磷（P）、硫（S）、钾（K）、钙（Ca）和镁（Mg）。一般认为 C：N：P：S 的比例为 600：15：5：3 时就可以满足甲烷的产生条件。氮和硫是合成氨基酸的必需元素，磷则用来生产如三磷酸腺苷（ATP，微生物用于储存能量）。氮和硫的有效形式是氨和硫化物，两者都可以转化为气态并对微生物产生毒性。

除了大量元素还需要微量元素。酶的合成需要微量元素。产甲烷菌需要钴（Co）、镍（Ni），钼（Mo），硒（Se）和钨（Wo）。此外，镁（Mg）、铁（Fe）和锰（Mn）对于电子传递和酶也至关重要。微量元素的适宜浓度范围差异巨大。差异较大的一个原因是微量元素可能发生化学反应形成稳定的盐，如有可能和硫离子反应形成非常稳定的盐类，从而不再可能被微生物吸收。

（二）抑制物

沼气生产过程有可能抑制产沼气的物质有：①氧气（抑制产甲烷菌）；②硫化氢（取决于 pH，pH 越低，硫化氢浓度越高）；③氨（取决于 pH，pH 越高，氨浓度越高）。

此外，挥发性脂肪酸（VFAs）也可以抑制沼气产生。但是在高浓度 VFAs 或氨的条件下，微生物有可能逐渐适应而降低其抑制效能。

其他抑制物还有重金属、消毒剂和抗生素。通常它们会混到动物粪便当中，如经过抗生素治疗的动物。

第三单元　蔬菜生产废弃物预处理

学习目标：根据蔬菜生产废弃物的基本特性，完成菜田废料的预处理。

一、预处理方法

蔬菜生产废弃物包括正常种植的蔬菜中发生病虫害的蔬菜组织、栽培管理过程中淘汰的枝、叶、果，质量不佳的蔬菜，毛菜初步加工处理时产生的叶、根、茎和果实等都会最终成为废弃物。据统计，我国每年的蔬菜废弃物产量占蔬菜总产量的25％～30％，每年有近亿吨的蔬菜废弃物被丢弃，这不仅会造成严重的环境污染，也是资源的极大浪费。

蔬菜生产废弃物被投入到沼气池前，通常都要经过预处理，预处理方法有物理、化学、生物方法。

（一）物理预处理

物理预处理方法包括除杂、粉碎等方法。除杂用于除去蔬菜废弃物中的塑料薄膜、土块等杂物，通过粉碎减小物料粒径，从而满足蔬菜废弃物厌氧发酵的要求。

1. 除杂预处理 随着设施农业的发展，地膜覆盖在蔬菜种植中的应用越来越普遍，导致收集的蔬菜废弃物中含有很多塑料薄膜。塑料薄膜是厌氧消化系统不能消化的物质，而且这些杂物进入沼气发酵装置后，容易引起污物泵堵塞。因此，在发酵原料进入沼气发酵装置之前，要对原料中的塑料薄膜进行除杂处理，同时清除其中的土块等沉淀物。

2. 粉碎预处理 粉碎预处理方法可以改变物料粒径大小，减小体积，增加植物组织与降解微生物的接触面积，同时破坏植物表面的蜡质层，使其易于消化，以加快分解速度。由于蔬菜废弃物中的纤维素物质含量较低，一般粉碎即可满足厌氧发酵的要求。

但从能量角度来看，粉碎预处理越彻底，其能耗就越高。因此，需要研究既能适应后期厌氧发酵的需要，又使能耗适中的预处理措施。

（二）化学预处理

化学预处理一般有酸碱液浸泡、碳氮比调节等，其主要目的是为了调节 pH 和碳氮比。另外，在设施农业中，农药施用相当普遍，因此在原料预处理时，应采取相应措施降低农药特别是其中重金属的危害，以防沼气池中毒而导致启动乃至运行失败。

1. 酸碱液浸泡　由于蔬菜中含有各种有机酸，致使其 pH 较低，从而抑制甲烷菌的活动，可加入石灰、氢氧化钠等碱性溶液进行预处理。另外，加入碱性溶液进行预处理时，可改变其中重金属的氧化还原电位，从而降低部分重金属离子的活性。

2. 碳氮比调节　由于蔬菜废弃物蛋白质、氨基酸等含量较高，碳氮比较低，一般蔬菜的碳氮比只有 7～8，芹菜（叶＋茎）的碳氮比只有 5.76。较高的氮含量容易形成氨抑制，对沼气微生物造成毒害，不利于产气。因此，在预处理时，可加入碳氮比较高的农作物秸秆（碳氮比一般为 30∶1～80∶1），将发酵原料的碳氮比调节至适宜产气的范围。

（三）生物处理

目前，对原料进行生物预处理的方法主要包括堆沤、添加菌剂等。好氧堆沤可以增加消化系统的碱度，防止系统酸化。同时，由于发酵高温的影响，致病菌含量也极大降低。但是堆沤时间过长也会导致能量和营养损失，因此对堆沤时间要加以控制。

由于蔬菜废弃物厌氧消化的生物化学反应过程和牛胃中的情况相类似，因此可以借鉴消化道中生态系统的特点，在预处理过程中添加牛胃细菌，从而提高固体降解速率和气体产量。

二、注意事项

1. 刚喷洒过农药的蔬菜生产废弃物不能立即投入沼气发酵池，一定要经过农药降解处理后，方可作为原料投入沼气池。

2. 蔬菜生产废弃物中的泥沙和塑料废弃物必须清除干净后，方可作为原料投入沼气池。

3. 严禁在温室大棚内堆沤发酵原料，以避免产生有害气体危害人、畜或蔬菜、花卉。

4. 蔬菜废弃物碳氮比较低，要定期添加碳氮比较高的农作物秸秆等原料，将发酵原料的碳氮比调节至适宜范围。

三、相关知识

（一）蔬菜废弃物的物料特性

蔬菜废弃物主要含有糖类、脂肪、蛋白质、纤维素等生物质，具有高含水率、高营养成分和基本无毒害性的特性。蔬菜废弃物的含水率通常在80%～90%，固体含量在8%～19%，总挥发性固体占总固体的80%以上，其中包括75%的糖类和半纤维素，9%的纤维素，5%的木质素。以干基计算含氮量在3%～4%，总磷含量为0.3%～0.5%，钾含量为1.8%～5.3%，其营养成分与常用的天然有机肥料相当。表1-3列出了各类型蔬菜的理化性质（注：混合样按照各类蔬菜质量比1：1：1加以混合）。

表1-3　蔬菜废弃物各部分理化性质对比

项目	混合样	叶子	茎类	籽实
含水率（%）	89.08	89.52	90.18	87.54
TOC（%）	37.2	38.4	38.1	27.1
挥发性固体（%总固体）	87.75	89.33	88.55	85.37
氮含量	2.06	2.95	3.15	1.69
C/N/P	100：5.5：1.2	100：7.7：1.2	100：8.3：1.5	100：6.3：0.8
蛋白质（%）	12.9	19.9	22.2	11.0
纤维素（%）	14.8	14.21	11.0	15.2
半纤维素（%）	9.80	8.00	6.20	15.2
木质素（%）	12.50	12.0	10.2	16.5
可溶性糖（%）	8.31	10.6	10.4	11.5
全磷（%）	0.443	0.473	0.588	0.228
全钾（%）	1.960	2.600	3.200	1.120
全钠（%）	0.100	0.132	0.184	0.030

（二）蔬菜废弃物厌氧消化特性

蔬菜废弃物的处理方式主要有好氧堆肥、厌氧消化、好氧-厌氧集成处理三种方式。但由于其有机物含量高，处理过程需要大量的动力消耗和营养物添加，不适合用好氧堆肥，而采用厌氧消化方法处理则有优势。

蔬菜废弃物其他特性也决定了其对厌氧发酵处理的高适应性。蔬菜废弃物的主要特征表现为：①含有大量可降解有机物，通常在60%～90%，易腐败，处理不当或不及时，会产生恶臭和高浓度污水、滋生蚊蝇、传播病原菌；②含水率高，通常在80%～90%，黏性大或呈半固体状态，不易脱水；③产生量大，发生源相对集中，主要集中在蔬菜种植田地中和蔬菜加工交易场所，不易和生活垃圾等混合，可以实现单独收集处理；④正常种植的蔬菜废弃物除了部分发生病虫害的蔬菜组织之外，不含其他的有毒有害物质。

综合蔬菜废弃物以上特点可以得出，厌氧消化方法是最适合蔬菜废弃物的处理方法。首先，蔬菜废弃物的高含水率使其非常适合生物处理，且固体含量在10%左右，符合一般厌氧发酵的要求。同时，缺乏纤维素的蔬菜废弃物厌氧消化时不会限速在水解阶段，使得其反应速度较快。此外，蔬菜废弃物COD/N约为100/4，且富含营养物质，因此不需要另加氮源及营养物。同时，厌氧消化处理有机负荷高，能产生并回收沼气资源，减少CO_2排放，消化产物经简单处理可作为农业肥料。厌氧消化处理蔬菜废弃物在垃圾降解收益和生物气生产上获得了双重效益，为高效处理蔬菜废弃物、实现蔬菜废弃物资源化和减量化提供了良好途径，是一种非常有发展前途的技术方向。

第二节 中小型沼气工程日常运行

有机物转化为沼气，是多种微生物生命活动的结果。维持微生物生命活动需要多种条件，只有满足了这些条件，使沼气微生物始终处在良好的生存环境中，才能得到较高的沼气生产率。为保证沼气发酵正常进行，需对原料进行碳氮比、浓度配比计算。根据发酵的不同阶段及控制目标，对厌氧沼气池发酵负荷进行调试，从而科学管理中小型沼气工程的日常运行。

第一单元　原料碳氮比计算

学习目标：根据沼气发酵原料的营养成分，完成原料碳氮比计算。

一、原料碳氮比计算

农村沼气发酵原料（如人畜家禽粪便、秸秆、杂草等）种类很多，各种原料的碳氮比各不相同。表1-4为农村常用沼气发酵原料生产量碳氮比。

表1-4　农村常用沼气发酵原料生产量及碳氮比

原料种类	产生量〔千克/［头（只）·天］〕、［千克/（666米²·年）］	总固体（TS）浓度（%）	挥发性固体（VS/TS）（%）	C：N（克/克）
猪粪	1.4～1.8	20～25	77～84	13～15
鸡粪	0.1～0.15	29～31	80～82.0	9～11
奶牛粪	30～33	16～18	70～75	17～26
肉牛粪	12～15	20～22	79～83	7～16
羊	1.1	30	68	26～30
鸭粪	0.1	16	80	8～12
兔粪	0.4	37	68	
玉米秸秆	420～610	80～95	74～89	51～53
小麦秸秆	170～270	82～88	74～83	68～87
水稻秸秆	210～310	83～95	82～84	51～67

原料的最佳碳氮比为25～30：1，因此有些原料可单独作为发酵原料，而有的原料不能单独作为发酵原料。否则，会造成产气效果不好甚至不产气，必须和其他原料搭配使用，才能顺利产气。根据各种原料的碳素和氮素百分含量，计算混合原料的碳氮比，其计算公式如下：

$$C/N = \frac{C_1 W_1 + C_2 W_2 + C_3 W_3 + \cdots}{N_1 W_1 + N_2 W_2 + N_3 W_3 + \cdots} \qquad (1-1)$$

式中：C_i——每种原料的碳素含量（％）；

N_i——每种原料的氮素含量（％）；

W_i——每种原料的重量（千克）。

二、注意事项

1. 发酵原料为农作物秸秆、杂草、树叶等富碳原料碳素所占比例普遍高达 40％以上，这些原料发酵速度慢，产气周期长，有些表面覆盖蜡质，不易水解，入池前应进行预处理（具体处理方法将在高级技师部分详述）。

2. 人粪尿、禽粪、豆制品废液等富氮原料碳素所占比例普遍在 30％以下，碳氮比都小于 25：1，在沼气发酵过程中，易水解、产气快，入池前只需去除杂物等简单预处理。

3. 沼气发酵要求碳氮比保持在 25～30：1 比较适宜，这就要求在实际生产中对沼气发酵原料进行合理搭配。具体搭配办法应参照不同原料的碳氮比进行。

三、相关知识

（一）沼气发酵最佳碳氮比

沼气发酵原料是沼气微生物赖以生存的物质基础，也是沼气微生物进行生命活动和产生沼气的营养物质。氮素是构成沼气微生物躯体细胞质的重要原料，碳素不仅构成微生物细胞质，而且提供生命活动的能量。发酵原料的碳氮比不同，其发酵产气情况差异很大。在其他条件具备的情况下，碳氮比配成 25～30：1 为佳。如果原料碳氮比较低，微生物生长过程中就会将多余的氮素分解为氨而放出；碳氮比过高，则氮素不足，会使微生物的生命活动和产气受到影响。因此，制取沼气不仅要有充足的原料，还应注意各种发酵原料碳氮比的合理搭配。

（二）沼气产量和成分分析

如果沼气产量下降，其潜在的原因有多种，其中一个可能是发酵原料的数量和质量发生了变化。例如，动物饲料成分改变，相应其排泄物的化学组分也会改变，并直接影响到沼气产量。同样当采用多种来源的废弃物作为发酵底物时也会发生类似情况。为了探究这种波动，有必要反复核对进料量和进料种类的记录。沼气产量和成分的变化也有可能是由于沼气池内生物反应的问题，例如抗生素可能影响产甲烷菌外的所有微生物，因此药物含量过高的粪便应避免作为发酵原料。

如果沼气质量下降，如 CO_2 浓度增加，则表明沼气池内可能正在发生酸化，此时可以与分析数据比对来确认。

第二单元　原料浓度配料计算

学习目标：根据不同发酵原料的特性，完成原料浓度配料计算。

一、原料浓度配料计算

沼气发酵原料浓度的表示方法较多，有总固体（TS）浓度、悬浮固体（SS）浓度、挥发性固体（VS）浓度、挥发性悬浮固体（VSS）浓度、化学耗氧量（COD）浓度和生化耗氧量（BOD）浓度等。沼气发酵中，只有挥发性固体才能转化为沼气，用挥发性固体浓度表示沼气发酵液的浓度更为确切，但实际用得最多的是总固体浓度。

总固体（TS）又称干物质，将一定量原料在 $103 \sim 105\,^{\circ}\!C$ 的烘箱内，烘至恒重，就是总固体，它包括可溶性固体和不可溶性固体，因而称为总固体。总固体含量的百分率表示，其计算方法如下：

$$总固体含量 = \frac{W_2}{W_1} \times 100\% \qquad (1-2)$$

式中：W_1——烘干前样品重量；

　　　W_2——烘干后样品重量，即干物质量。

液体样品中干物质含量，可用毫克/升或克/升表示，其计算方法如下：

$$TS（毫克/升）= \frac{样品干重（毫克）\times 1\,000}{水样体积（毫升）} \qquad (1-3)$$

中小型沼气工程进料 TS 浓度控制在 6％～12％比较适宜，但在沼气生产中，要根据厌氧消化工艺、发酵温度和原料特性等，选定所需的最佳进料 TS 浓度。依据进料 TS 浓度、进料量、原料总固体含量和计算方法（1-2）和（1-3），经过计算得出添加水或沼液的量，从而完成原料浓度配料计算。

中小型沼气工程发酵原料的种类较多，以下主要以畜禽粪便为例，介绍发酵原料总固体含量，表 1-5 为畜禽粪便总固体含量表。同时，应根据表 1-5 计算出粪尿排放总量和 TS 排放量。

表 1-5　畜禽粪便总固体含量表

种类	生长期	粪便排放量〔千克/〔头（羽）·天〕〕	TS（％）	尿排放量〔千克/（头·天）〕	TS（％）	粪尿排放总量〔千克/头·天）〕	TS 排放量〔千克/〔头（羽）·天〕〕
母猪	270 天	3.6	20～25（22.5）	4.5	2.5	8.1	0.923
公猪	270 天	2.6	20～25（22.5）	5.2	2.5	7.8	0.715
商品猪	135 天	1～1.75（1.38）	20～25（22.5）	1.5～2.75（2.12）	2.5	3.5	0.364
奶牛	成年奶牛	25～30（27.5）	18～20（19）	30	2.5	57.5	5.98
肉牛	成年肉牛	20	18～20（19）	25	2.5	45	4.43
肉鸡	肉鸡	0.05～0.1（0.075）	30～32（31）	—	—	—	0.023 3
蛋鸡	蛋鸡	0.11	30～32（31）	—	—	—	0.034 1

二、注意事项

适宜的发酵浓度不仅利于产气，而且还能提高发酵原料的利用率。如果水量过少，发酵原料过多，料液浓度过大，容易造成有机酸大量积累，就不利于沼气细菌的生长繁殖，使发酵受到阻碍，同时也会给搅拌带来困难。如果水太多，发酵料液过稀，产气量少，也不利于厌氧沼气池的充分利用。

三、相关知识

(一) 干物质 (TS) 检测

1. 检测设备 干燥炉、天平、铝或玻璃干燥钵。

2. 检测步骤 ①称量干燥钵并记下其重量 (w_1)；②加入约 500 克物料到干燥钵，并记下重量 (w_2)；③将样品放入温度为 $105\sim120°C$ 的干燥炉直到水分不再减少为止 (约 24 小时后)；④再次称量样品质量 (w_3)。

3. 结果计算 计算干物质含量 (DM)：

$$DM (新鲜物料的百分比) = [(w_3 - w_1)/(w_2 - w_1)] \times 100\% \tag{1-4}$$

(二) 有机干物质 (ODM) 检测

1. 检测设备 马弗炉、坩埚、干燥器、精密天平。

2. 检测步骤 ①将坩埚在 $550°C$ 下退火，在干燥器内冷却 (这一步的目的是去除坩埚中的水)；②称重 (w_1)，然后向坩埚中加入 $2\sim3$ 克 (可能研磨过) 干样品，称重 (w_2)；③将坩埚放入 $550°C$ 的马弗炉内 5 小时；④冷却坩埚；⑤坩埚称重 (w_3)。

3. 结果计算 计算有机物含量

$$ODM = (w_2 - w_3)/(w_2 - w_1) \times 100\% \tag{1-5}$$

(三) 电导率检测

1. 检测设备 电导率仪、烧杯 (50 或 100 毫升)、筛网 (网眼约 1 毫米)。

2. 检测步骤 按照电导率仪厂家的要求进行维护。如果样品黏度和干物质含量很高，则先用筛网过滤。需要约 50 毫升样品同时分析 pH 和电导率。直接在样品中测量电导率。

3. 注意事项 可以用同一个样品分析电导率和 pH。实验室收到样品的第一时间就应该分析其电导率，这是因为 CO_2 和 NH_3 会从样品中挥发，改变了样品的电导率值。

第三单元　发酵负荷调试

学习目标：根据沼气发酵原料特性，完成发酵负荷的配料调试。

一、发酵负荷调试

影响负荷的因素有污泥总量及活性、发酵原料的理化特性、厌氧消化工艺类型和有机负荷等，因此要根据原料、工艺、容积生物量、温度等来确定适宜的负荷，同时兼顾有机质去除率、产气量、甲烷含量等指标来考虑。

1. 发酵超负荷　pH 下降到 5.5 以下，会使产酸和产甲烷速度失调，有机酸大量积累，有机质去除率、产气率、甲烷含量均降低，甚至不再产气。调控措施：首先要减少进料量以至暂停进料来控制有机负荷，这样有机酸会逐渐被分解，必要时调整 pH，使 pH 回升。接种污泥要驯化好，逐渐提高负荷。

2. 发酵负荷太低　由于营养物质不足，使细菌处于饥饿状态，污泥增长速度慢，难以培养出性能良好的活性污泥。调控措施：逐渐增加发酵负荷，污泥要进行驯化，由少到多，逐渐培养。发酵不正常，可添加高质量接种物。负荷不断提高，直至污泥的生成和死亡与冲出处于平衡状态，沼气池内积累了足够的污泥，这时调控措施即告完成。

二、注意事项

1. 以低负荷启动厌氧沼气池，启动初期主要是污泥的驯化，使接种污泥中的微生物尽快适应于处理有机物的要求，然后再以积累污泥为主，使负荷不断升高，最终完成厌氧沼气池的启动。

2. 随着负荷的升高，厌氧沼气池的处理效率和产气率也随着升高，但发酵液中的有机酸逐渐升高，废水中的有机物去除率趋于下降（图 1-2）。如果负荷过高，厌氧沼气池的处理效率反而会下降。

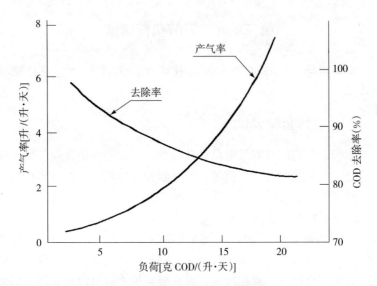

图 1-2　负荷与产气率及有机物去除率关系曲线

三、相关知识

（一）发酵负荷的表示方法

1. 有机负荷　即每单位体积沼气池每天所承受的有机物的量，通常以千克 COD/（升·天）为单位。有时也用 TS 或 VS 来表示有机物的量。容积有机负荷的大小主要由厌氧活性污泥的数量和活性决定的。

2. 污泥负荷　即每千克厌氧活性污泥每天所承受的有机物的量，单位是千克 COD/（千克 VSS·天）。在沼气池运行过程中确定容积负荷的根据是污泥负荷。

3. 水力负荷　即每单位体积沼气池每天所承受污水的体积，单位是米^3/（米^3·天）。有机物浓度高则水力负荷低，有机物浓度低则水力负荷高。当有机物浓度基本稳定时，水力负荷则成为工艺控制的主要条件。

（二）负荷的调制目标

容积负荷的控制目标，在于获得较高的单位体积沼气池的有机物去除率，同时获得较高的沼气产气率和较低出水有机物浓度。

第三节 中小型沼气工程故障诊治

为了使沼气工程能安全、稳定、高效运行，发挥其最大效能，因此对沼气发酵酸化、碱化等故障诊治与处理显得尤为重要。

第一单元 中小型沼气工程酸化故障诊治

学习目标：根据沼气发酵酸化现象，完成酸化故障的判断和处理。

一、沼气发酵酸化故障诊治

（一）酸化现象

1. 表象判断 如果厌氧沼气池所产气体长期不能点燃或产气量迅速下降，甚至完全停止产气，则很可能发酵时出现了酸化现象，此时可以观察料液来进行判断。正常发酵料液呈酱油色且泡沫丰富。如果料液泛绿，则略微酸化；如果料液呈现棕黄色甚至是黑色，料液表面出现有大量白色膜状物，则表明酸化严重。

2. 监测数据 沼气发酵的最适 pH 为 $6.8\sim7.5$，通过数据分析 pH 的变化趋势及酸化程度。检测方法：

（1）使用 pH 试纸 pH 试纸是在一定的 pH 范围内，发生具体的颜色变化，通过颜色的变化可以粗略的判断发酵液的 pH。pH 试纸有广泛试纸和精密试纸。取一小块试纸在表面皿或玻璃片上，用洁净干燥的玻璃棒蘸取待测液（料液或沼液）点滴于试纸的中部，观察变化稳定后的颜色，与标准比色卡对比（图 1-3），判断发酵料液的 pH。过酸（pH<6.0）或过碱（pH>8.0）都不利于沼气生产。

（2）使用便携式 pH 测定仪 pH 测定仪是一种准确测定溶液 pH 的仪器，它通过 pH 选择电极（如玻璃电极）来测定出溶液的 pH。检测时用烧杯等容器装一定量的待测沼液，将 pH 测定仪的玻璃电极插入到待测溶液中，液晶显示屏上就会出现读数（图1-4），待读数稳定后即得到了其pH。当pH为6～6.8时，料液酸性较弱；当pH为3～6时，料液酸性较强。

（3）测定有机酸的浓度　当有机酸浓度大于3 000毫克/升时，则料液发生酸化现象，一般情况下发酵过程有机酸浓度不超过3 000毫克/升为佳（以乙酸计）。

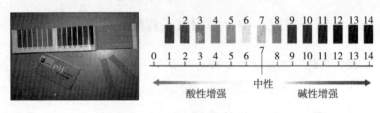

图1-3　pH试纸与标准比色卡

图1-4　便携式pH测定仪

（二）故障处理

依据厌氧沼气池内料液酸化程度的不同，需要采取不同的处理方法，最终将料液的pH调至最适合发酵的范围，即6.8～7.5。

1. 料液酸性较弱时（pH为6～6.8）

（1）如果是因为发酵料液浓度过高，可让其自然调节并停止向沼气池内进料，加适量水稀释，同时搅拌即可。

（2）取出部分发酵原料，补充相等或稍多一些的含碳的发酵原料和水，同时充分搅拌。

2. 料液酸性较强时（pH 为 3～6）

（1）用适量草木灰或氨水调节　氨水的浓度控制在 5%（即 100 千克氨水中，95 千克水，5 千克氨水）左右，并将发酵料液充分搅拌均匀。在调整 pH 的同时，大量投入接种污泥，以加快 pH 的恢复。

（2）用石灰水调节　用此方法，尤其要注意逐渐添加石灰水，先用 2% 的石灰水澄清液与发酵料液充分搅拌均匀，测定 pH，如果 pH 还偏低，则适当增加石灰水澄清液，充分混匀，直到 pH 达到要求为止。

二、注意事项

特别注意，使用石灰水进行调节时，不要将 pH 一次调整到位，正确的方法是往沼气池内加入少量石灰水后，充分搅拌，然后测试 pH。如果达不到要求，就再加入少量石灰水继续搅拌，再测试 pH 值。如此反复，直至 pH 达到要求为止。

三、相关知识

（一）产生酸化的主要因素

1. 发酵原料中由于含有大量有机酸，如酒精废醪、丙酮、丁醇废醪等，因而 pH 一般在 3.5～5.5。如果发酵正常，投料适量，有机酸会很快被分解掉，因此不会导致料液酸化，也不必对进料的 pH 进行调节。

2. 厌氧沼气池启动时投料浓度过高，接种物数量不足。

3. 进料中混入大量强酸，如味精废水中含有较多盐酸或硫酸等，这类原料都会直接影响发酵料液的 pH，在进料前必须进行调节。

（二）避免酸化的方法

1. 减少进料量（不超过 75%）。

2. 避免加入含有大量碳水化合物和酸的底物（如青贮草）。

3. 投加缓冲能力强的底物（如动物粪污）。

4. 投加添加剂，如碳酸氢钠。

5. 如果采用了上述某种措施，则应更频繁的监测 pH，从而确定应对措施是否成功。

第二单元　中小型沼气工程碱化故障诊治

学习目标：根据沼气发酵碱化现象，完成碱化故障的判断和处理。

一、沼气发酵碱化故障诊治

(一) 碱化现象

1. 表象判断　如果厌氧沼气池不能正常产气，或所产气体不能点燃，以至于停止产气，则也可能出现碱化现象。应进一步观察料液来进行判断，如果料液上泛起一层白色的薄膜，则说明料液偏碱。

2. 监测数据　使用 pH 试纸或便携式 pH 测定仪进行检测，根据取样测出的结果，判断发酵料液的 pH、浓度、温度、产气率等，如果 pH 高于 7.5，则认为发生了碱化现象。

(二) 故障处理

根据检测数据进行定性定量分析，查找发生料液碱化原因，选定科学的处理方法，最终将料液的 pH 调整到适宜的发酵范围。从而保证厌氧沼气池安全、长效运行。

1. 如果碱性物质（草木灰、石灰澄清液等）投入量过大时，则会使发酵液呈碱性，抑制沼气细菌的生长，造成沼气池产气率下降甚至不产气。首先取出一定量的发酵原料，然后向沼气池内加入相同数量的人、畜和家禽粪便，并加清水稀释并搅拌均匀，根据调整后料液的碱化程度，逐渐将料液的 pH 调到适宜的发酵范围。

2. 当有机负荷率小，料液浓度较低，供给养料不足，产酸量偏少，pH>7.5 是碱性发酵状态，是低效发酵状态。此时应增加进料量，根据监控数据，逐渐调节发酵浓度。

3. 进料处理。先出料，然后将青杂草铡成 2～3 厘米，浇上猪或牛的尿液并添加接种物，堆沤处理 2～3 天，适量投入沼气池内并搅拌均匀，使新加入的青杂草与料液充分接触。

4. 利用监测数据指导发酵碱化故障调节。通过监测沼气发酵运行中 pH、浓度、碱度、负荷等数据，控制调整节奏、速度。也可以通过这些数据分析浓度、pH、碱度的变化趋势，指导系统调节运行。

二、注意事项

厌氧沼气池启动初期，由于产酸菌的活动，沼气池内产生大量的有机酸，导致 pH 下降，随着发酵持续进行，氨化作用产生的氨中和一部分有机酸，同时甲烷菌的活动，使大量的挥发酸转化为甲烷（CH_4）和二氧化碳（CO_2），使 pH 逐渐回升到正常值。所以，在正常的发酵过程中，发酵料液的酸碱度变化可以自然进行调节，最后达到自然平衡（即适宜的 pH）状态，一般不需要人为调节。只有在配料、进料量、进料浓度等管理不当时，正常发酵过程受到破坏才可能出现发酵料液碱化现象。

三、相关知识

（一）碱度及总碱度的定义

碱度指水中含有的能与强酸（盐酸、硫酸）相作用的所有有机物的含量。发酵液中碱度的形成主要是由于重碳酸盐、碳酸盐和氢氧化物的存在。硼酸盐、磷酸盐和硅酸盐也形成一些碱度。这些物质的含量可用标准盐酸或硫酸滴定至 pH＝4.0 时测出。测出的碱度浓度统一换算成碳酸钙的含量，以毫克/升为单位，称为总碱度。

（二）碱度的测定

在溴钾酚绿和甲基红的混合指示剂的条件下用 0.1 摩尔/升标准盐酸进行滴定。该指示剂颜色反应如下：pH5.2 以上时为蓝绿色，pH5.0 时浅蓝灰色，pH4.8 时淡粉灰色，pH4.6 时浅粉红色。滴定至浅粉红色时为终点，这样即可根据样品和空白对照消耗的标准酸体积量，按下式进行计算则为总碱度：

$$总碱度（以 CaCO_3 计，毫克/升）=\frac{(V_1-V_0)\times N\times 50\times 1\,000}{V_2}$$

(1-6)

式中：V_1——样品滴定耗标准酸体积（毫升）；

　　　V_0——空白实验耗标准酸体积（毫升）；

　　　N——标准酸的当量浓度[（摩尔/升）×离子价数]；

　　　50——每摩尔质量 $CaCO_3$ 的克数；

　　　V_2——试样体积（毫升）。

（三）沼气发酵的碱度条件

1. 碱度　沼气发酵液内应保持 2 500～5 000 毫克/升的碳酸氢盐碱度，这样可以在挥发酸浓度上升时提供更多的缓冲力，它们可与挥发酸反应，使 pH 不会有太大变化。

2. 总碱度　实验证明，总碱度在 3 000～8 000 毫克/升时，由于发酵液对所形成的挥发酸具有较强的缓冲能力，在沼气池运行过程中，挥发酸浓度在一定范围变化时，不会影响发酵料液的 pH，沼气发酵能正常运行。

第三单元　生活污水净化沼气工程运行维护

学习目标：根据生活污水净化沼气工程工艺原理，进行工程运行维护和故障处理。

一、工艺原理与运行维护

（一）工艺原理

1. 合流制工艺

（1）**工艺流程**　合流制生活污水净化沼气工程是一个集水压式沼气池、厌氧滤器及兼性塘于一体的多级折流式消化系统。粪便污水和生活污水经格栅去除粗大固体后，再经沉砂进入前处理区，在这里粪便和污水进行厌氧发酵，并逐步向后流动，生成的污泥及悬浮固体在该区的后半部沉降并沿倾斜的池底流回前处理区，再与新进入的粪污混合进行厌氧发酵。其工艺流程如图 1-5 所示，工程原理如图 1-6 所示。

（2）**工程原理**　清液向后流动进入厌氧滤器部分，在这里附着于填料上生物膜中的细菌将污水进一步进行厌氧消化，再溢流入后

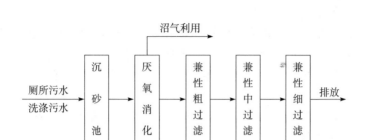

图 1-5　合流制生活污水净化沼气工程工艺流程图

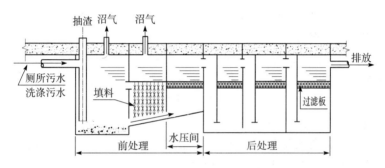

图 1-6　合流制生活污水净沼气工程原理图

处理区。后处理区为三级折流式兼性池，与大气相通，上部装有泡沫过滤板拦截悬浮固体，以提高出水水质。每一级池体的形状，可根据工程地点条件选用圆形、方形或长方形，后处理池内也可适当加入软填料或硬填料，各池体的排列方式可根据地形条件而灵活安排。

　　在前处理区，粪便污水中的有机物在不同种类微生物的作用下，经过液化—酸化—气化等阶段的复杂降解反应，最终生成甲烷和二氧化碳。厌氧条件下粪污中的营养物质，在供给微生物自身生长繁殖，形成新细胞的同时，释放出一定的能量，转变成甲烷和二氧化碳，这是一种优质气体能源——沼气。

　　在后处理区，污水中的有机物也要经历几个阶段的消化反应，而最终主要生成二氧化碳和水，但好氧条件下有机物的消化还得需要另外供给较多的能量才能繁殖形成新细胞，同时产生的污泥量是厌氧条件下的 6~10 倍。

由于生活污水可生化性好，采用厌氧技术比好氧技术发酵处理效果好，不但不耗能，反而产生能源，污泥与残渣减量显著。

（3）工艺特点　合流制生活污水净化沼气工程具有以下工艺特点：

①将生活污水与厕所粪水合在一起排入厌氧消化池，适合小型的生活污水处理系统。

②前处理设施为一套厌氧消化池，工艺简单，投资减小，便于管理。

③厌氧池有效池容占总有效池容的 50%～60%，几何形状可根据地理位置设计修建，池内有隔墙，以延长污水的滞留时间，池底以 5%～10% 坡度向抽渣除倾斜，以利于沉降沉渣与虫卵，使其充分降解并消灭虫卵。出水方向有软填料，用其富集厌氧微生物，充分降解有机物。出水间设置过滤器，进一步过滤污水中的悬浮物。

④后处理设施为三级上流式过滤器，通过过滤与好氧分解，使污水获得进一步处理，然后排入下水道。

2. 分流制工艺

（1）工艺流程　分流制生活污水净化沼气工程也是一个集水压式沼气池、厌氧滤器及兼性塘于一体的多级折流式消化系统。粪便经格栅去除粗大固体后，再经沉砂进入前处理区 1，在这里粪便进行沼气发酵，并逐步向后流动，生成的污泥及悬浮固体在该区的后半部沉降并沿倾斜的池底滑回前部，再与新进入的粪便混合进行沼气发酵。清液则溢流入前处理区 2，在这里与粪便以外的其他生活污水混合，进行沼气发酵，并向后流动进入厌氧滤器部分，在这里附着于填料上生物膜中的细菌将污水进一步进行厌氧消化，再溢流入后处理区。前处理区 1 和前处理区 2 都是经过改进的水压式沼气池，后处理区为三级折流式兼性池，与大气相通，上部装有泡沫过滤板拦截悬浮固体，以提高出水水质。每一级池体的形状，可根据工程地点条件选用圆形、方形或长方形，后处理池内也可适当加入软填料或硬填料，各池体的排列方式可根据地形条件而灵活安排。

其工艺流程如图1-7所示，工程原理如图1-8所示。

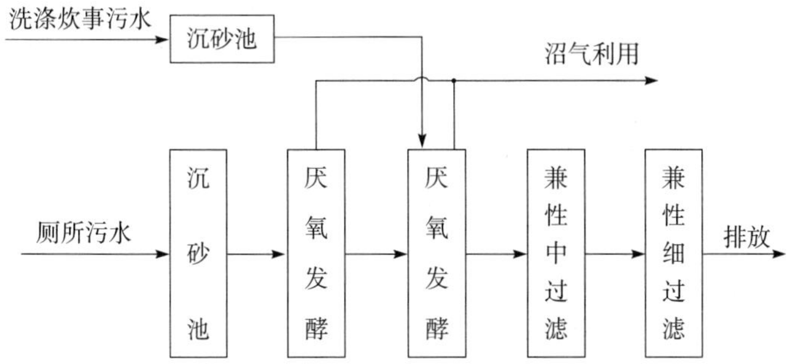

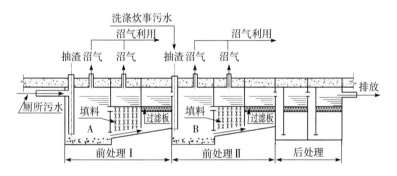

图1-7　分流制生活污水净化沼气工程工艺流程图

图1-8　分流制生活污水净化沼气工程原理图

（2）**工程原理**　在前处理区，粪便和生活污水中的有机物在不同种类微生物的作用下，经过液化—酸化—气化等阶段的复杂降解反应，最终生成甲烷和二氧化碳。厌氧条件下粪污中的营养物质，在供给微生物自身生长繁殖，形成新细胞的同时，释放出一定的能量，转变成甲烷和二氧化碳，这是一种优质气体能源——沼气。

在后处理区，污水中的有机物也要经历几个阶段的消化反应，而最终主要生成二氧化碳和水，但好氧条件下有机物的消化还需要另外供给较多的能量才能繁殖形成新细胞，同时产生的污泥量是厌氧条件下的6～10倍。由于生活污水的可生化性很好，因此采用厌氧和好氧技术发酵处理污水效果良好，不但不耗能，反而产生能源，污泥与残渣的减量显著。

（3）工艺特点　分流制生活污水净化沼气工程具有以下工艺特点：

①将生活污水与厕所粪水分别排入厌氧消化池。

②两级前处理：一级厌氧消化池 A 专门处理排入的粪便，二级厌氧消化池 B 处理沐浴、洗涤、煮炊等排出的和经 A 池处理后流出的混合污水，这样延长了污水中粪便的处理时间，提高了卫生效果，同时也使其他生活污水得到较好的消化处理。

③前处理池结构：两个厌氧池的有效池容占总有效池容的 50%～70%，而其中 A 池又比 B 池小，两池的几何形状可根据地理位置设计修建，池内有隔墙，以延长污水的滞留期，每池内有深浅不同的底部，利于污泥、沉降的有机物与虫卵回流集中，使其充分降解并消灭虫卵，出水方向有软填料，用其富集厌氧微生物，从而充分降解有机物，促使多产气。同时，在出水间还有过滤器，进一步过滤污水中的悬浮物。

④后处理主要为兼性消化，是上流式过滤器。通过三级过滤与好氧分解，使污水获得进一步处理，然后排入下水道。

（二）运行维护

合理设计、可靠施工、精心管理是确保生活污水净化沼气工程正常运行的三个主要环节。其中，日常运行维护工作必须做到以下几点。

1. 推广生活污水净化沼气工程，应实行专业化施工和承包管理，以保证正常运转。

2. 建立生活污水净化沼气工程档案和管理记录。

3. 生活污水净化沼气工程应每年清淘污泥一次。

4. 每 4～5 年更新聚氨酯过滤泡沫板，每 5 年更新填料。

5. 注意安全，避免发生火灾、窒息事故。

6. 防止毒物进池，严禁有毒物质如电石、农药和家用消毒剂、防腐剂、洗涤剂等入池。医院污水的处理要增加消毒设施，其他生活污水的出水在必要时或季节性的进行消毒。

7. 卫生防疫站的环保监测站对出水要定期进行监测，对出水水质达不到标准的工程，要进行改造或更新填料或更换过滤泡沫板。

8. 防止机械损伤池体，一是防止超过设计负载的车辆驶进池面；二是防止出料、更换填料等操作中对池壁的机械损伤。

9. 进料防堵塞，要由专人负责清除预处理池中的各种杂物（砖头瓦块、石头、玻璃、金属、塑料等），并注意防止进口因杂物和料液干枯结壳而堵塞进料口管。

10. 安全用气防事故，净化池所产沼气应尽可能收集利用。用户应按照沼气使用操作规程安全用气。严禁将输气管道堵塞或直接放在阴沟里。

二、注意事项

1. 生活污水净化沼气工程是房屋建筑的配套工程，必须保证工程设计标准和建筑质量。

2. 要根据地域特点和生活习惯，因地制宜，合理规划设计。

3. 安全用气，避免发生火灾、窒息事故。

4. 严禁有毒物质入池导致微生物中断引发发酵中断。

5. 防止池体地面过载和维护维修时对池壁的机械损伤。

三、相关知识

（一）生活污水净化沼气工程规划

生活污水净化沼气工程规划设计依据为每天处理的污水量，污水量按 100 升/（人·天）左右计算，其中冲洗厕所用水量按 20～30 升/（人·天）计算，其他生活污水量为 70～80 升/（人·天）。

生活污泥量取 0.7 升/（人·天），单纯粪便污泥量为 0.4 升/（人·天），产沼气量为 1 米³ 污泥产 15 米³/左右。

池容计算公式如下：

$$V = QTN \tag{1-7}$$

式中：Q——人均日用水量，单位：米³/天；

　　　T——污水滞留期（HRT），单位：天；

　　　N——使用人数，单位：个；

　　　V——总池容，单位：米³。

如为公共厕所，其总池容可按每个蹲位 3～4 米³计算。

污水滞留期为 3 天以上，污泥清掏周期为 365～730 天。

（二）生活污水净化沼气工程结构

生活污水净化沼气工程分为条形、矩形和圆形三种，各工程可根据工程现场地面和地形情况选用不同排列方式。

为了施工方便和有效的收集沼气，有些地方将前处理池设计为与家用水压式沼气池相似的圆形池，后处理仍采用方形或长方形池。池型虽然不同，但其都由以下功能区构成：

1. 预处理区　预处理区包括格栅和沉砂池。格栅主要功能是去除体积较大的渣滓，如布条、动植物大型残体、塑料制品、砖瓦碎片等，格栅间隙 1～3 厘米为宜。沉砂池可去除较小颗粒的渣滓，如砂、炉渣之类。沉砂池为方形、矩形、圆形均可。

2. 前处理区　前处理区的功能是截流粪便，特点是把粪便污水和生活污水中的有机质在该区进行厌氧发酵，延长粪便在装置中的滞留时间。因污水量较多，在该区内挂有填料作为微生物的载体，发挥厌氧接触发酵的优势。由于软纤维填料挂膜后容易结球，使表面积缩小影响处理效果。近年来，国内研究生产了半软性填料，由变性聚乙烯塑料丝制成，为一种具有一定弹性的管刷状填料，使用效果优于各种硬填料和软纤填料，经测定表明，可提高 COD 去除率 10%～25%。

厌氧池的有效池容占总有效池容的 50%～70%，池的几何形状可根据地理位置设计修建，池内有隔墙，以延长污水的滞留期，池内有深浅不同的底部，利于污泥、沉降的有机物与虫卵回流集中，使其充分降解并消灭虫卵，出水方向有软填料，用其富集厌氧微生物，从而充分降解有机物，促使多产气。同时在出水间还布有过滤器，进一步过滤污水中的悬浮物。

3. 后处理区　后处理区是应用上流式过滤器进行兼性消化，通过三级过滤与好氧分解，使污水获得进一步处理，然后排入下水道。

后处理区各处理池与大气相通，各段间安有聚氨酯泡沫板作过滤层，截流悬浮物，提高出水水质，污水由下向上流过，不淤塞。

（三）降低氨抑制的方法

1. 减少含氮量高的底物投加量（如屠宰场废弃物、油菜、苜蓿、鸡粪）。

2. 增加碳氮比高的底物（如生物碳、玉米秆、麦草）。

3. 投加 Fe^{3+}，如 $Fe(OH)_3$ 等。

第四节　中小型沼气工程安全生产

沼气是一种优质的清洁能源，同时它又是一种易燃易爆的有毒气体。只有加强沼气工程安全生产管理，做好避雷装置的维护及沼气储气柜置换工作，才能保障沼气工程安全、高效、长期运行。

第一单元　避雷装置维护

学习目标：熟悉沼气工程避雷装置构造，掌握避雷装置保养和维护技能。

一、维护保养

中小型沼气工程避雷装置一般采用外部防雷装置，它是由接闪器、引下线和接地装置组成。为了保证避雷装置具有良好的保护性能，使用中的避雷装置，应进行日常维护与检查，并且应在每年雷雨季以前进行安全检查和检测。

1. 接闪器的维护　应检查接闪器有无因接受雷击而熔化或折断情况，要定期对接闪器进行表面除锈，在接闪器的焊接处根据其腐蚀程度及时涂防腐漆。在腐蚀性较强的场所，还应适当加大其截面或采取其他防腐措施。

2. 引下线的维护　避雷装置的引下线应满足机械强度、耐腐蚀和热稳定的要求。首先，应做好引下线的防护工作，在易受机械损伤的地方，地面以下 0.3 米至地面以上 1.7 米的一段引下线应加竹管、角钢或钢管保护。采用角钢或钢管保护时，应与引下线连接起来，以减小通过雷电流时的电抗。其次要定期检查各处明装导体有无开焊、锈蚀后截面积减小过大、机械损伤折断的情况，如果引下线截面锈蚀 30% 以上者应及时更换。

3. 接地装置的维护 接地装置运行中，接地线和接地体会因外力破坏或腐蚀而损伤或断裂，接地电阻也会随土壤变化而变化。因此，主要是检查各部分连接情况和锈蚀情况以及测量电阻，必须检查接地装置周围的土壤有无沉陷情况，测量全部接地装置的流散电阻，如发现接地装置的电阻有很大变化时，应将接地装置挖开检查。另外，对有腐蚀性土壤的接地装置，应根据运行情况，一般每 3~5 年对地面下接地体检查一次。

二、注意事项

1. 引下线是连接接闪器和接地体的金属导体，使雷电流泄入大地。一般采用镀锌圆钢或扁钢，也可采用镀锌钢绞线，其尺寸要求分别是：圆钢直径≥8 毫米，扁钢厚度≥4 毫米，截面积≥48 毫米^2，钢绞线截面积≥25 毫米^2。引下线、接闪器和接地装置应确保连接牢固可靠，以减小连接处的电阻。

2. 储气柜和厌氧沼气池的上部或顶部应安装避雷装置，遇到雷阵雨天气，严禁将沼气排出。气柜及沼气池体不能充当引下线和接地装置，可作为避雷装置的固定件。

3. 避雷装置的维护、检查和检测应执行相关标准。

三、相关知识

(一) 避雷装置的工作原理

避雷针的原理是利用尖端放电现象，让由地球大气层中雷云感应出的电荷及时地释放进入地球地面，将电荷减低及中和，避免其过分的积累而引发巨大的雷电击中事故，并保护被雷电击中的建筑物或设备。

(二) 避雷装置的构造

避雷装置一般由接闪器、引下线和接地体三部分所构造（图 1-9）。接闪器可分为避雷针、避雷线、避雷带、避雷网。接闪器通过引下线和接地体接入地下，与地面形成等电位差，接闪器利用自身的高度，使电场强度增加到极限值的雷电云电场发生畸变，开始电离并下行先导放电；接闪器在强电场作用下产生尖端放电，形成向上先导放电；两者会合形成雷电通路，随之导入大地，达到避雷效果。

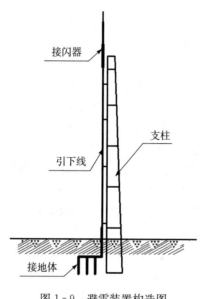

图 1-9　避雷装置构造图

第二单元　气柜沼气置换

学习目标：根据沼气储气柜的构造和原理，掌握沼气储气柜置换技能。

一、气柜沼气置换

由于中小型沼气工程储气柜的容积小于 300 米^3，因此可以用沼气直接进行置换。目前，沼气工程储气柜多选用低压湿式储气柜或双膜干式储气柜（柔性气柜），部分地区也采用发酵池与储气柜一体化的结构，以下重点介绍低压湿式储气柜沼气置换，对于双膜干式储气柜的置换可参照低压湿式储气柜沼气置换原理进行。

(一)用沼气置换空气

储气柜在启用前必须进行沼气置换空气，具体操作步骤如下：

1. 将气柜水槽注满水，把钟罩顶部人孔盖板封闭好，并关闭放空阀。

2. 打开进气阀向气柜充沼气。

3. 待钟罩升至 1 米时，将气柜进气阀关闭，使气柜和沼气池之间的气路彻底隔绝。

4. 打开钟罩顶部放空阀，缓慢放空，使钟罩缓慢下降，钟罩降到最低点，放空阀不出气时，将放空阀关闭。

5. 取气柜中的气样检测，看甲烷含量是否大于 15％，氧含量是否小于 12％，若达到上述指标，即可向气柜充沼气，投入运行。

(二)用空气置换沼气

储气柜在检修防腐前要用空气置换沼气，具体操作方法如下：

1. 打开沼气燃具或燃烧火炬将沼气烧尽，使气柜钟罩降至最低点，直到沼气燃具或燃烧火炬停止燃烧，使气柜中的沼气压力降至最低。

2. 关闭沼气的进出气阀门，并将气柜的水封槽注满水，使气柜和沼气池之间彻底隔绝。

3. 打开气柜钟罩顶部放空阀，将沼气缓慢放空。

4. 沼气放空完毕，打开钟罩顶部人孔盖板。

5. 将气柜水槽中的水放空。

6. 自然置换，用沼气检测仪器检测直到气柜中甲烷和硫化氢的含量达到 0（48 小时即可达到）后，方可进入气柜进行检修和防腐工作。

二、注意事项

1. 编制气柜沼气置换方案，操作人员必须持证上岗。

2. 气柜沼气置换时，必须严格执行相关的安全操作规程。

3. 沼气置换过程中，存在着发生爆炸的危险性，因此必须杜绝一切火源。

三、相关知识

（一）储气柜工作原理

1. 低压湿式储气柜 低压湿式储气柜（图 1 - 10）主要由水槽、钟罩、升降导向装置所构造。水封是气柜的密封机构，钟罩和气柜壁之间的缝隙靠水密封，钟罩靠气柜内沼气的压力变化上下运动。

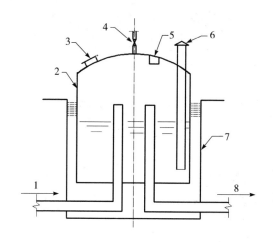

图 1 - 10 低压湿式储气柜构造原理示意图

1. 进气　2. 浮罩　3. 人孔　4. 阀门
5. 安全罩　6. 自动排空管　7. 水槽　8. 出气

2. 双膜干式储气柜 双膜干式储气柜（图 1 - 11）是由外膜、内膜和底膜三部分所构造，外膜构成储气柜外部球体形状，内膜与底膜围成内腔贮存沼气。当气柜内沼气压力较低时压力传感器提供信号给系统，系统分析容量后控制气泵向调压室注入空气，在压力的作用下内膜向下运动挤压沼气，使沼气压力升高，到达设定压力时停止注入空气。当气柜内压力超过设定值时压力传感器提供信号给系统，系统分析容量后控制电磁泄压阀启动将调压室空气排出使得内膜伸展，平衡沼气压力。如果罐内容量饱和则选择报警，多余沼气会从安全阀排出。

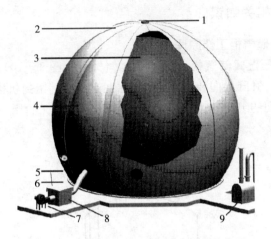

图 1-11 双膜干式储气柜构造原理示意图

1. 超声波测距仪 2. 外膜 3. 内膜 4. 进气仓
5. 底膜 6. 锚固系统 7. 风机 8. 空气压力保护
9. 沼气压力保护器

(二)沼气置换

沼气直接进行置换，气柜内混合气体必然经过从达到爆炸下限到超过爆炸上限的过程。在这一置换过程中，始终存在着发生爆炸的危险性，因此必须了解沼气爆炸的条件及其影响因素。沼气爆炸必须具备三个条件：一定的沼气浓度、一定的引火温度和足够的氧浓度，三者缺一就不可能发生爆炸。

1. 沼气浓度 在常压下，标准沼气与空气混合的爆炸极限为 $8.80\%\sim24.40\%$，8.80% 称为爆炸下限，24.40% 称为爆炸上限。当沼气浓度低于 8.80% 时，混合气体遇到火源，不爆炸也不燃烧；浓度高于 24.40% 时，遇火不爆炸，但能在火焰外围形成燃烧层。沼气的爆炸极限并不是固定不变的，它受许多因素影响，随各种因素而变化。

2. 引火温度 沼气爆炸的第二个条件是高温火源的存在。点燃沼气所需要的最低温度称引火温度。沼气的引火温度一般在 $650\sim750℃$，明火、电气火花、吸烟，甚至撞击或磨擦产生的火花等，都足以引燃沼气。沼气浓度不同，引火温度也不同，沼气浓度在 6.5%～8% 时最易引燃，不同沼气浓度的引火温度如表 1-6 所示。

表 1-6　沼气浓度与引火温度的关系

沼气浓度（%）	2.0	3.4	6.5	7.6	8.1	9.5	11.0	14.7
引火温度（℃）	810	665	512	510	514	525	529	565

3. 氧浓度　含氧量对可燃气体的爆炸极限影响很大，沼气也如此。厌氧沼气池内沼气含氧量很低，但是在储存、输送、置换操作中，若有空气混入，含氧量会大大增加，导致爆炸极限范围扩大，尤其是上限提高得更快。而在纯氧中变为 5%～61%，极限范围是空气中的 5.6 倍。

思考与练习题

1. 如何对养殖小区的粪污进行预处理？
2. 怎样对蔬菜生产的废弃物进行预处理？
3. 沼气生产中原料碳氮比如何计算？
4. 如何对沼气发酵负荷进行调式？
5. 怎样诊治沼气发酵料液酸化、碱化故障？
6. 如何对生活污水净化沼气工程的常见故障进行诊治？
7. 避雷装置的维护细则是什么？
8. 如何对气柜沼气进行置换？

第二章　输配装备运行维护

本章的知识点是学习中小型沼气工程管路附件、储气柜、脱硫器及微电脑时控开关的维护知识，重点是掌握管路附件、储气柜、脱硫器及微电脑时控开关安装和维护技能。

第一节　中小型沼气工程工艺管道维护

中小型沼气工程工艺管道是沼气工程的动脉，为确保沼气工程能安全、高效、长效运行，就必须对沼气工程的工艺管道进行定期维护与保养。输气管网在建设和使用维护过程中必须依据标准《沼气工程技术规范　第2部分：供气设计》（NY/T 1220.2—2006）的相关要求。

第一单元　中小型沼气工程管路附件维护

学习目标：根据中小型沼气工程工艺管路附件的构造和原理，完成其运行维护。

一、中小型沼气工程管路附件维护

管路附件的种类繁多，用途各异，按形式可分为连接附件（接头、法兰、三通、异径头等）、阀件（闸阀、截止阀、球阀、蝶阀、止回阀、安全阀等）和其他附件（沼气流量计、保温夹层、黏合剂、防腐等）。

（一）连接附件的维护

连接附件在中小型沼气工程管网系统中起到连接管材或管件的作用，日常维护时做到以下三点：

1. 尽量避免日光对管网系统的照射，延长管网寿命。

2. 定期检查、监测连接附件的气密性，如发现有沼气泄露现象应及时维修。

3. 在冬季做好对管路系统的保温工作，防止管路附件被冻裂，直接影响沼气工程的正常运行。

（二）阀件的维护

1. 新阀门维护 在中小型沼气工程的项目设计、施工建设中，对新阀门的预防性维护尤为重要，维护的主要内容包括：

（1）在项目设计阶段正确的阀门选择，在阀门技术书中必须对材料、附件、测试标准等有明确的要求。

（2）同时明确密封脂、接头、内部单向阀、阀门放空、排污接头的大小和类型。

（3）在阀门的出厂、运输、现场安装时对阀门应做好充分保护。

（4）在阀门投入运行前即应该对阀门进行维护保养：

①在施工过程中阀门每一次活动后。

②在阀门焊接结束后。

③水压试验后。

④调试结束后。

⑤启动运行一年内每季度维护一次，启动运行后第二年每半年维护一次，启动运行两年以后每年维护一次。

2. 闸阀的维护

（1）阀杆螺纹经常与阀杆螺母摩擦，要涂一点黄干油、二硫化钼或石墨粉，起润滑作用。如果闸阀经常开关使用，每月至少润滑一次。

（2）不要经常启闭闸阀，可是要定期转动手轮。对阀杆螺纹添加润滑剂，以防咬住。

3. 截止阀的维护

（1）如发现操作过于费劲，应分析原因。若填料太紧，可适当放松，如阀杆歪斜，应通知人员修理。有的截止阀在关闭状态时，关闭件受热膨胀，造成开启困难；如必须在此时开启，可将阀盖螺纹拧松半圈至一圈，消除阀杆应力，然后扳动手轮。

（2）如手轮、手柄损坏或丢失，应立即配齐，不可用活络扳手代替，以免损坏阀杆四方，启闭不灵，以致在生产中发生事故。

（3）截止阀在开启前应进行泄漏检查，确定阀门是否无泄漏缺陷、填料函是否无泄漏缺陷。

4. 球阀的维护

（1）定期检查球阀的密封性能。

（2）注意给阀柄旋转要预留位置。

（3）球阀密封面与球面常在闭合状态，不易被介质冲蚀，所以不能将球阀用作节流。

5. 蝶阀的维护

（1）开启阀门时要顺时针转动手轮，关闭时要逆时针转动手轮，要按开启、关闭指示标记旋转到位。

（2）蝶阀处于中开度时，阀体与蝶板两侧形成完成不同的状态，节流侧阀门下面会产生负压，往往会出现橡胶密封件脱落，为了使沼气工程能长效运行，因此所用蝶阀应处于全开或全关状态。

6. 止回阀的维护

（1）止回阀属于自动阀，该阀应做好防潮、防雨、防锈工作。

（2）每3个月对两通道、密封面上的污垢和锈迹进行清除，并重新涂刷防锈油予以防护，对焊接口的防护状况进行检查。

7. 安全阀的维护

（1）必须加强安全阀的管理，做到选择合适的安全阀。

（2）根据安装规范，确保安全阀正确的安装在受保护的沼气工程系统上。

（3）做好在线检查和维护工作，按要求进行定期维修和校验，确保安全阀处于正常的工作状态，保障沼气系统安全运行。

（三）其他附件的维护

1. 保温夹层的维护　中小型沼气工程输配管网保温夹层的维护直接影响到系统的正常运行，尤其在北方及高寒地区，管路系统的保温显得尤为重要。

（1）定期检查管路系统的保温层，做好保温层的防水工作。

（2）检查若发现保温层破损或者出现漏雨、渗水现象，应及时进行维修和维护。

（3）金属保护层的表面防腐涂层或玻璃布保护层上的漆膜明显脱落时要立刻对其进行维修与养护。

2. 利用防腐技术对管路附件的维护　定期对沼气工程的管网系统进行清污、除锈和防腐工作。常见的金属管路防腐材料主要有石油沥青、环氧煤沥青、黏胶带、环氧粉末、PE涂层、PP涂层。

二、注意事项

1. 对于金属类管路附件，要定期进行除锈、防腐的养护工作。

2. 要经常巡回检查阀门的密封情况及安全状态，发现问题要及时处理。

3. 由于塑料管件易于老化，因此应定期检查塑料管路附件的老化程度，对于已经老化的塑料管件，要及时更换，防止事故发生。

三、相关知识

（一）闸阀的构造

闸阀在管路上主要作为切断介质用，即全开或全关使用。闸阀按闸板的构造可分为平行式闸阀和楔式闸阀，而按阀杆的升降又可分为明杆闸阀和暗杆闸阀。以明杆闸阀（图2-1）为例，说明闸阀的基本构造。

（二）截止阀的构造

截止阀阀体的结构形式有直通式、直流式和直角式。图2-2为直通式和角式截止阀的构造图。

（三）球阀的构造

球阀具有旋转90°的动作，旋塞体为球体，有圆形断、分配和改变介质的流动方向，只需要用旋转90°的操作和很小的转动力矩就能关闭严密。球阀的构造如图2-3所示。

（四）止回阀的构造

止回阀主要可分为升降式、旋启式和蝶式三种。它依靠介质本

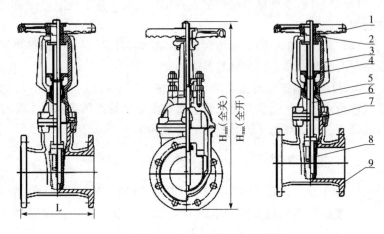

图 2-1 明杆闸阀结构图
1. 手轮 2. 阀杆螺母 3. 支架 4. 压盖 5. 密封圈
6. 阀杆 7. 中口垫 8. 阀瓣 9. 阀体

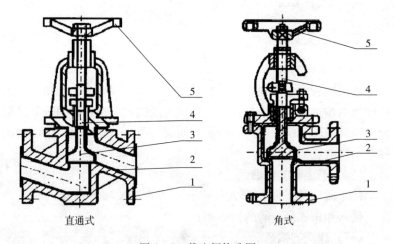

直通式   角式

图 2-2 截止阀构造图
1. 阀体 2. 氟塑料衬里 3. 阀瓣 4. 阀盖 5. 手轮或其他驱动装置

身流动而自动开、闭阀瓣，用来防止介质的倒流。在沼气工程中止
回阀主要安装在进料管和输送管网系统中，防止料液和沼气倒流或
泄漏。止回阀的构造如图 2-4 所示。

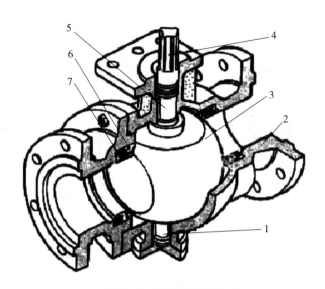

图 2-3 球阀的构造图

1. 下抽承 2. 阀体 3. 球体 4. 阀杆 5. 上轴承 6. 阀座 7. 弹簧

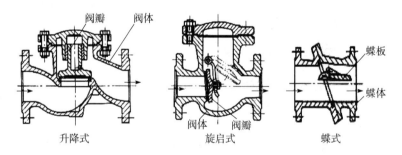

图 2-4 止回阀结构图

(五)安全阀的构造

安全阀按对阀瓣的不同加载方式分为重锤式和弹簧式两类（图 2-5）。重锤式又分直接重锤式和杠杆重锤式。当沼气压力超过正常工作压力的规定值（即阀门开启压力）时，安全阀自动开启，排放部分沼气，使压力下降；当压力下降到正常工作压力的值（即阀门回座压力）时，安全阀自动关闭，停止排放沼气并保持密封。

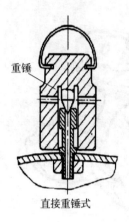
直接重锤式

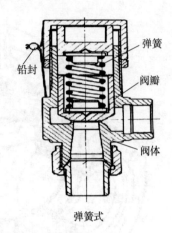
弹簧
铅封
阀瓣
阀体
弹簧式

图 2-5 安全阀结构

第二单元 中小型沼气工程管路附件故障处理

学习目标：根据中小型沼气工程工艺管路附件的故障现象，完成故障的处理。

一、管路附件故障处理

（一）连接附件故障处理

1. 弯头渗漏或漏气

（1）原因

①介质在管道中流动，经过弯头时，因改变了介质的流动方向，使弯头阻力增大，长期冲刷此处，弯头及其后的管壁很容易减薄而发生泄漏或漏气。

②因焊接质量、材质问题造成夹渣、气孔、小眼等，被介质一冲而发生泄漏。

③塑料管件由于长期使用而发生老化，导致弯头裂缝。

（2）处理

①首先及时关闭弯头上游段阀门并采取应急修理，防止介质继续泄漏。

②认真观察泄漏位置、泄漏大小、了解系统压力，确定堵漏方法。

③对于金属弯头可采用压盖法、捆扎法、焊接堵漏法等方法进行堵漏。

④对于塑料弯头可采用卡箍法、密封胶堵漏法进行封堵。

⑤若弯头损坏严重，已无法封堵，可直接更换弯头。

2. 低压湿式储气柜的钟罩顶部导气软管（塑料软管或橡胶软管）**漏气**

（1）原因

①由于钟罩长期上下运动容易造成软管裂缝。

②软管暴晒极易老化，导致软管裂缝，发生沼气泄露。

（2）处理

①给软管表面涂刷肥皂水或洗衣粉水，若发现气泡，则此处裂缝。

②如果漏点较小，可采用捆扎法堵住漏缝。

③如果软管老化严重，裂缝较长，可直接更换软管。

（二）阀门常见故障处理

1. 阀体渗漏

（1）原因

①阀体有砂眼或裂纹。

②阀体补焊时拉裂。

（2）处理

①对怀疑裂纹处磨光，用4‰硝酸溶液浸泡，如有裂纹就可显示出来。

②对裂纹处进行挖补处理。

2. 阀杆及与其配合的丝母螺纹损坏或阀杆头折断、阀杆弯曲

（1）原因

①操作不当，开关用力过大，限位装置失灵，过力矩保护未动作。

②螺纹配合过松或过紧。

③操作次数过多、使用年限过久。

（2）处理

①改进操作，不可用力过大。

②检查限位装置，检查过力矩保护装置。

③选择材料合适，装配公差符合要求。

④更换备品。

3. 阀盖结合面渗漏

（1）原因

①螺栓紧力不够或紧偏。

②垫片不符合要求或垫片损坏。

③结合面有缺陷。

（2）处理

①重紧螺栓或使门盖法兰间隙一致。

②更换垫片。

③解体修研门盖密封面。

4. 阀门内漏

（1）原因

①关闭不严。

②结合面损伤。

③阀芯与阀杆间隙过大，造成阀芯下垂或接触不好。

④密封材料不良或阀芯卡涩。

（2）处理

①改进操作，重新开启或关闭。

②阀门解体，阀芯、阀座密封面重新研磨。

③调整阀芯与阀杆间隙或更换阀瓣。

④阀门解体，消除卡涩。

⑤重新更换或堆焊密封圈。

5. 阀芯与阀杆脱离，造成开关失灵

（1）原因

①修理不当。

②阀芯与阀杆结合处被腐蚀。

③开关用力过大，造成阀芯与阀杆结合处被损坏。

④阀芯止退垫片松脱、连接部位磨损。

（2）处理

①检修时注意检查。

②更换耐腐蚀材质的门杆。

③操作时不可用力过猛，或不可全开后继续开启阀门。

④检查更换损坏的备件。

6. 阀芯、阀座有裂纹

（1）原因

①结合面堆焊质量差。

②阀门两侧温差大。

（2）处理

①对有裂纹处进行补焊。

②按规定进行热处理、车光，并研磨。

7. 阀杆升降不灵或开关不动

（1）原因

①冷态时关得太紧受热后胀死或全开后太紧。

②填料压得过紧。

③阀杆间隙太小而胀死。

④阀杆与丝母配合过紧，或配合丝扣损坏。

⑤填料压盖压偏。

⑥门杆弯曲。

⑦介质温度过高，润滑不良，阀杆严重锈蚀。

（2）处理

①对阀体加热后用力缓慢试开或开足并紧时再稍关。

②稍松填料压盖后试开。

③适当增大阀杆间隙。

④更换阀杆与丝母。

⑤重新调整填料压盖螺栓。

⑥校直门杆或进行更换。

⑦门杆采用纯净石墨粉做润滑剂。

8. 填料泄漏

（1）原因

①填料材质不对。

②填料压盖未压紧或压偏。

③加装填料的方法不对。

④阀杆表面损伤。

（2）处理

①正确选择填料。

②检查并调整填料压盖，防止压偏。

③按正确的方法加装填料。

④修理或更换阀杆。

二、注意事项

1. 由于输气管路附件出现故障，从而导致沼气泄漏，此时应严禁明火，及时关闭泄漏点处管路上游的阀门，防止沼气泄漏而引起爆炸事故。

2. 当液体管路附件发生故障时，应立刻采取应急措施，立刻关闭阀门，避免料液或沼液泄露，防止事故蔓延。

三、相关知识

（一）金属类连接附件的安装

1. 金属螺纹管路附件的安装

螺纹连接是依靠螺纹把管子与管路附件连接在一起，连接方式主要有内牙管、外牙管及活接头等。安装时，应用聚四氟乙烯生料带、石棉线或油麻丝等作为填料，缠绕方向正确和厚度要合适，螺纹与管件咬合时要对准、对正，拧紧用力要适中，以保证旋合装配后连接处严密不漏。

2. 金属焊接管路附件的安装

（1）金属焊接作业人员，必须经过严格培训并获得钢制压力容器焊接证书后方能持证上岗，非电焊工严禁进行电焊作业。

（2）焊接前焊工必须了解所焊焊件的钢种、焊接材料、焊接工艺要点，做好焊接前的一切准备工作。

（3）电焊工焊接安装时必须严格遵守《电焊工安全操作规程》，始终坚持安全第一、质量第二的原则。

（4）焊接后，焊缝和热影响区表面不得有裂纹、气孔、夹渣、未熔合、未焊透、弧坑和焊瘤等缺陷；焊缝上的熔渣和两侧的飞溅物必须清除干净；对接焊缝区应平滑过渡、无突变、角焊接缝区应圆滑过渡到母材。

（5）焊后检查：

①焊接结束后，焊工应对自己所焊的焊缝正反面进行检查，对不符合验收要求的焊缝，应作出明显标记，以便进行补修。

②查合格后焊工在规定位置打上焊工钢印代号。

③按要求填写施焊记录，按规定进行焊缝标识。

④工作结束，应检查工作场地，灭绝火种，切断电源，整理设备，清理现场，方可离开。

（二）塑料管路附件的安装

1. UPVC 管路附件的安装　UPVC 管路附件的安装采用黏合剂将不同型号、规格的管材、管件组装成管网系统。

（1）安装施工前应具备下列条件：

①设计、施工图纸齐全。

②材料、施工方案、机具等保证正常施工。

③水、电、场地、材料等设施能满足施工需要。

（2）安装前必须清除管子和管路附件内外的污垢及杂物。

（3）管路系统安装间断或完工的敞口处，应及时封堵。

（4）涂抹胶黏剂时，必须先由里向外涂承口后再涂插口，涂抹后应在 20 秒内完成黏接。黏接时应将插口轻轻插入承口中，对准轴线，迅速完成，黏接完毕应及时清理接头处多余的黏接剂。

（5）安装时管路立管和水平管的支撑间距不得大于表 2-1 数值。

表 2-1　管路支撑最大间距数值（毫米）

外径	20	25	32	40	50	63	75
水平	500	550	650	800	900	1 100	1 200
立管	900	1 000	1 200	1 400	1 600	1 800	2 000

（6）安全施工：胶黏剂及清洁剂的封盖应随用随开，管道黏接操作场地严禁烟火，通风必须良好，黏接时，操作人员应站在上风口，佩戴带防护手套，眼镜和口罩等。

（7）施工安装完毕的管路系统必须进行严格的水压试验或气密性检验。

2. PP－R 管路附件的安装　采用热熔连接施工法：

（1）热熔工具接通电源后，等到工作温度指示灯亮后，方能开始操作。

（2）管材与管件的连接端面和熔接面必须清洁、干燥、无油污。

（3）熔接施工应严格按规定的技术参数操作，依据热熔连接技术要求表 2－2 组织施工。

表 2－2　热熔连接技术要求

公称外径 （毫米）	热熔深度 （毫米）	加热时间 （秒）	加工时间 （秒）	冷却时间 （秒）
20	14	5	4	3
25	16	7	4	3
32	20	8	4	4
40	21	12	6	4
50	22.5	18	6	5
63	24	24	6	6
75	26	30	10	8
90	32	40	10	8
110	38.5	50	15	10

注：若环境温度小于 5℃，加热时间应延长 50％。

（4）在操作不熟练的情况下要在管材插入端画线确定深度，操作时严格控制插入深度，防止插入过深造成封堵管径影响管道流量。

（5）安全施工：

①操作时手不能接触发热板及加热头，以防烫伤。

②使用热熔或电熔焊接机具时，应核对电源和电压，遵守电器工具安全操作规程，注意防潮，保持机具清洁。

③操作现场不得有明火，不得存放易燃液体，严禁对聚丙烯管材进行明火烘弯。

（6）熔接弯头或三通时，应注意管线的走向，宜先进行预装，校正好走向后，用笔画出轴向定位线。

（7）施工安装完毕后管路系统必须进行严格的检验，经检验合格后方能使用。

3. 法兰的安装 法兰连接是常用的连接方法，安装法兰时，首先将法兰与管子对接，为了保证接头处的密封性，需在两法兰盘间加垫片，并用螺栓将其拧紧。

（1）安装前必须仔细核对阀门的标志、合格证是否符合使用要求，并符合现行国家标准，安装前阀门内腔应清洁处理，阀门安装前必须进行外观检查。

（2）安装时要符合介质流动方向，阀体一般都标有箭头，按照箭头的指示方向安装。

（3）填料更换，有的填料已不好用，有的与使用介质不符，这就必须更换填料。

（4）安装法兰时应按对角线方向多次拧紧，不得单件一次拧紧，以防受力不匀而造成法兰连接处泄漏，连接应牢固紧密。

（5）阀门安装位置、高度、进出口方向必须符合设计要求。

（6）在管线中不要使阀门承受重量，应独立支撑，使之不受管系产生的压力的影响。

（7）安装完成后应按管路设计要求对管道与阀门间的法兰结合面进行密封性能检查。

第二节　中小型沼气工程储气装置维护

中小型沼气工程一般选用低压湿式储气柜，也可选用干式储气柜（柔模式、橡胶储气袋）来储存沼气。中小型沼气工程储气柜的容积一般在 $20\sim200$ 米^3，因此容积较小的储气柜可选用低压湿式储气柜，采用钢筋砼结构，容积比较大的低压湿式储气柜应采用钢结构。

第一单元　沼气储气柜水封池维护

学习目标：根据沼气储气柜水封池的构造和原理，完成储气柜水封池的维护。

一、运行维护

（一）日常维护

1. 保持水封池正常液位和溢流，根据水封池内水的蒸发量及时予以补充，冬季防冻结冰。

2. 当 pH 小于 6 时应及时换水，尽量减小污水对水槽及钟罩的腐蚀。

3. 消除跑、冒、滴、漏，并做好防冻保暖工作。

（二）定期维护

1. 要定期（6 个月）更换水封池内的水。

2. 水封池中水的温度应不得低于 5℃，尤其在北方冬季应采取诸如加热装置、水槽保温层、保温墙等防冻措施，防止水封池被冻裂。

3. 一年对钢筋砼结构水封池池体内表面涂层检查一次，如发现涂层脱落或裂缝，应进行修补，涂刷密封漆（或涂料），确保水封池不漏水。

4. 每年对钢结构水封池进行一次全面检查，根据水封池内、外壁的防腐情况，进行修补或全面防腐。

二、注意事项

1. 要定期检查水封池的密封状况，防止池体渗水或漏水。

2. 防止水封池中的水结冰，在冬季水温应保持在 5℃ 及以上。

3. 当水封池放水时，应先打开放空阀，以免造成钟罩内负压，钟罩塌陷。

4. 水封池在投入使用后，应由专人按照运行操作规程进行管理与维护。

三、相关知识

（一）混凝土结构水封池的构造

混凝土（钢筋砼）结构水封池主要是由池底、池壁、中心导向轴、导向架、导向轴下端固定件、垫块、溢流口等构成，详细构造如图2-6所示。

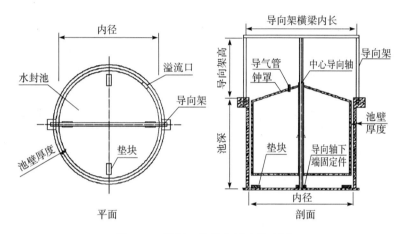

图2-6　混凝土结构水封池构造图

水封池通常做成地下式或半地下式，为圆柱形，一般采用混凝土或砖结构。为了使圆筒形钟罩均匀升降，应在水封池的一定位置设置轴对称导向柱2～4根，它们之间应有可靠的横梁固定，以增加其整体刚度。

水封池的尺寸，一般是由钟罩的大小确定。为了满足施工及检修的需要，水封池池壁和钟罩的间隙一般为30～50厘米，水封池一般比钟罩高10～30厘米。小型钟罩与水封池池壁的间隙一般为10厘米，水封池比钟罩高10～20厘米为宜。

（二）金属结构水封池的构造

金属结构水封池（图2-7）主要是由池底、池壁、导气管、轨道、进水管、溢流管、放空管、保温层等构造而成。水封池有地上式或地下式两种，一般中、小型储气柜和地基条件较好的地区，都采用地上式水封池，对经常有台风袭击的地区，常采用半地下式以降低气柜的高度，但对气柜的水封池施工要求较高，首先搞好水封池的预制，应按设计要求的几何尺寸绘制排版图。预制前应按排版图在板材上标出中心线、搭接线及安装顺序和方向。预制后的每块板的几何尺寸必须保证准确。在水封池的施工过程中应做好焊接质量检验（可选用煤油渗透试验），水封池预制好后要进行注水试验，不漏为合格。

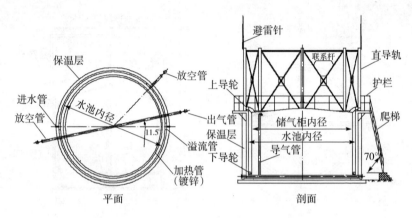

图 2-7　金属结构低压湿式储气柜水封池结构图

第二单元　沼气储气柜维护

学习目标：根据沼气储气柜的构造和原理，完成储气柜的维护。

一、运行维护

（一）日常维护

1. 在启用前必须将气柜内的空气置换为沼气，方可投入正常使用。在置换过程中，必须杜绝一切火源。

2. 为防止缺水要经常检查水封池中水位高度，特别是在蒸发大的炎热夏季，如果水量不足，应立即补水，防止钟罩因缺水而导致漏气或泄气。

3. 钢筋砼钟罩应在顶部位置设置蓄水圈，使顶部始终处于水的养护下，避免受太阳暴晒引起裂纹。

4. 加强对钟罩的维护，确保钟罩升降灵活，无漏气，卡住及钟罩歪斜等不正常现象。

5. 防止负压，当水封池放水、沼气池大出料时，应先打开排气阀放气。

（二）定期维护

1. 在冬季当水封池的水温低于5℃时，应及时采取防冻措施，添加热水、加入防冻液、喷入蒸汽或使水循环起来等方法来防冻，以防结冰导致钟罩承受负压或超压。

2. 在炎热季节太阳基晒钢结构钟罩导致高温，易使钟罩裂缝，因此必须采用措施防晒、防高温。

3. 防止雷击应在储气柜上安装避雷针，其接地电阻应小于10欧姆。另外在储气柜周围高层建筑物，如水塔、烟囱等，也应安装避雷针。

4. 定期给钟罩导轮添加润滑脂并保持安全水封水位。

5. 要定期对钢筋砼结构钟罩内表面涂刷密封漆（或涂料），确保浮罩不漏气。视钢结构钟罩脱漆程度，重新给钟罩刷漆防锈，保障气柜的有效使用年限。

二、注意事项

1. 防止漏气，应定期检查钟罩、沼气管路及阀门是否漏气。

2. 防止火灾，在储气柜区应建围墙，站内严禁火种。要经常检查钟罩顶部的安全排气阀，如发现问题及时维修，以免造成火灾。

3. 储气柜的维护及维修人员必须先经过严格的技术培训，取得相应的职业资格证书后方能上岗。

4. 对钟罩进行维护时，一定要注意安全，现场作业必须有两人以上，攀高作业应系好安全带。

5. 对钟罩内部进行维护时，首先放掉水封池中的水，打开钟罩顶部人孔法兰，排空钟罩内的沼气，并放置2～3天后，方可进入钟罩内部进行维护作业。

三、相关知识

(一)混凝土结构储气柜的构造

混凝土（钢筋砼）结构储气柜属于可变容积、低压湿式储气柜，主要是由水封池、钟罩、导向架、中心导向轴、导气管、溢流管、进水管、人孔法兰等构成。根据中小型沼气工程的实际需求，可将储气柜建于地上、地下或半地上，北方地区适宜将储气柜建于地下，利于储气柜安全越冬。南方地区可将储气柜建于地上，便于储气柜施工建设。如果储气柜的容积较大时，可选用钢筋砼结构；如果储气柜的容积较小时，可选用混凝土结构。总之，储气柜的施工建设要因地制宜，严格按照施工图纸进行建造。

(二)钢筋砼结构钟罩的构造

钟罩一般采用圆筒形几何形状，筒壁必须和水封池有一定间隙，以利于施工和维修。大中型钟罩的圆形顶板中央应设置人孔法兰，以便与钟罩的内密封及检修。钟罩周壁底端在和水封池相对应位置应设钟罩导向滑轮，使钟罩沿着导向柱的导向槽上、下滑动自如。小型钟罩，一般在钟罩中心部位设中心导向滑轴。

大中型钟罩设置安全孔，使钟罩升至一定位置时不再继续上升。如果采用钢筋砼钟罩或钢丝网水泥钟罩时，在其顶部还应设置蓄水圈，使顶板始终处于水的养护之下，避免受太阳暴晒而引起裂缝。

(三)金属结构储气柜的构造

金属结构低压湿式储气柜属于可变容积气柜，如果根据轨道形式的不同，湿式储气柜可分为：螺旋升降式气柜、外导架直升式气柜和无外导架直升式气柜。中小型沼气工程一般采用金属结构储气柜（图2-7），它主要由水封池、钟罩、内外导轨、上下导轮、避雷装置、导气管、溢流管等所构成。

(四)金属结构钟罩的构造

金属结构钟罩设计圆筒形为宜，其钢板的厚度为3～5毫米，在钟罩的顶部设有人孔法兰，便与维护及检修，在钟罩的外侧设置导向轮，可以使钟罩沿轨道自由升降，配重块放置在钟罩顶部的边沿位置，根据储气柜压力的设计要求（宜为 3～4 千帕）来确定配重块的重量。钟罩预制成后要进行表面除锈，并涂刷防锈漆。

第三单元　导向机构维护

学习目标：根据沼气储气柜导向机构的构造和原理，完成导向机构的维护。

一、运行维护

（一）日常维护

1. 气柜导轮或中心导向轴要经常加油，确保润滑良好。

2. 巡回检查钟罩是否升降灵活，如发现钟罩被卡住、歪斜、道轨夹杂物等现象，应采取应急措施，及时排除故障。

3. 大风及夏天要适当降低气柜高度，防止钟罩脱轨而造成事故。

（二）定期维护

1. 每年至少应对导向机构进行一次外部检查，并视储气柜导向机构脱漆程度进行外部除锈防腐作业。

2. 每 2～5 年应随停工检修进行一次全面检查，主要检查导向机构的磨损程度、运行状况。

3. 每年应对钟罩顶部的配重块进行一次调整，调平钟罩，使钟罩垂直升降，尽量减小导轮与轨道之间的摩擦。

二、注意事项

1. 气柜装置处理的是具有火灾爆炸和有毒性质的沼气，因此防火防爆和防止中毒是气柜装置安全生产的主要内容。

2. 上岗人员上岗后立即检查各种安全设施是否完好。

3. 按规定巡查，严格交接班制度。

4. 保证气柜在规定范围升降。

5. 气柜导向机构一般位于高空，对其进行维护和检修时一定要注意安全，避免事故发生。

三、相关知识

（一）储气柜安全操作常识

1. 工作人员上、下储气柜巡视、操作、维修时，必须配备防止静电的工作服，并不得穿带铁钉的鞋或高跟鞋。

2. 严禁将储气柜水封池中的水随意排除。

3. 应在储气柜的进、出气管安装阻火器。

4. 在遇大风前应打开储气柜紧急放空阀，将钟罩降至安全高度。另外，放空管前应加装阻火器。

（二）储气柜安装常识

1. 储气柜的安装必须严格按照设计的技术要求进行。

2. 储气柜的安装应与工艺、设备、管道、电气等相关专业协调配合。

3. 储气柜安装的允许偏差和质量检验应符合现行国家标准的有关规定。

4. 钢筋砼结构储气柜在水封池施工完工后，方可安装钟罩，钟罩养护 28 天后，可进行吊装。将钟罩安全移至水封池旁边，并用吊车吊起慢慢放入水封池中，同时打开导气管阀门排气，将中心导向轴、导向架安装好。

5. 钢结构低压湿式储气柜的安装应该严格按照安装施工工艺进行，储气柜的平台、梯子、护栏、内外导轨架、导轮支架、拉筋、衬垫等附件的制作与安装应国家相关规定。

6. 储气柜施工安装完工后，应及时进行现场检验，若发现问题，应及时处理。

第三节 中小型沼气工程净化装置维护

沼气是一种高品质的清洁能源，在使用前必须经过净化，方能使沼气的质量达到标准（沼气低热值＞18 兆焦/米³，沼气中硫化氢质量浓度<20毫克/米³，沼气温度<35℃）。硫化氢是一种有毒气体，在湿热条件下对金属管道、储气柜、燃烧器、其他金属设备及仪器仪表等有很强的腐蚀性，而且在燃烧时将生成的二氧化硫遇水生成硫酸，腐蚀周围环境并直接影响人的身体健康。因此，沼气在综合利用之前需要对硫化氢进行脱除。

第一单元　干式脱硫装置维护

学习目标：根据干式脱硫装置的构造和原理，完成其运行维护。

一、运行维护

（一）日常维护

1. 保持脱硫塔清洁，经常检查塔体的气密性，若发现有沼气泄流，应及时处理。

2. 使用前应对脱硫塔进行系统检验，确认其安全好用，方能投入运行。

3. 脱硫塔在运行时，要经常查看塔前塔后的沼气压力，如发现塔后压力减小，应及时查明原因并予以排除。

（二）定期维护

1. 定时排放脱硫塔前水分离器和脱硫塔底部积水，严禁气体带液进入脱硫塔。

2. 脱硫系统投入运行后，应定期记录脱硫塔沼气进、出压力，以判断塔内脱硫剂是否粉化或结块，如超过规定值时，应及时检查并排除故障；若因脱硫剂失去活性造成阻力过大，则应对脱硫剂进行再生或更换。

3. 冬季运行时，应注意脱硫塔的保温，以免气体过冷，降低脱硫剂活性和床层上积水而恶化操作。

4. 根据设备要求及沼气硫化氢含量确定脱硫塔轮流作业周期。

5. 定期对脱硫塔进行安全检查及除锈防腐，从而保证脱硫塔正常运行。

二、注意事项

1. 如果将脱硫塔露天安装,夏季应防止对脱硫塔的暴晒,在脱硫塔的上部添加遮挡物。

2. 脱硫塔需配置 2 个,并且要并联安装,这样可以对其中任意一个进行正常维护及维修,而不会影响正常生产。

3. 脱硫塔的维护要由专业技术人员来完成,并做好维护记录,建立设备维护及维修档案。

三、相关知识

(一)脱硫原理

在常温下沼气通过脱硫床层,沼气中的硫化氢与活性氧化铁接触,生成三硫化二铁,然后含有硫化物的脱硫剂与空气中的氧接触,当有水存在时,铁的硫化物又转化为氧化铁和单体硫。这种脱硫再过程可循环进行多次,直至氧化铁脱硫剂表面的大部分空隙被硫或其他杂质覆盖而失去活性为止。

脱硫反应为:

$$Fe_2O_3 \cdot H_2O + 3H_2S \rightarrow Fe_2S_3 \cdot H_2O + 3H_2O + 63 \text{ 千焦}$$

再生反应为:

$$Fe_2S_3 \cdot H_2O + 1.5O_2 \rightarrow Fe_2O_3 \cdot H_2O + 3S + 609 \text{ 千焦}$$

再生后的氧化铁可继续脱除沼气中的 H_2S。上述两式均为放热反应,但是再生反应比脱硫反应要缓慢。为了使硫化铁充分再生为氧化铁,工程上往往将上述两个过程分开进行。

(二)干式脱硫塔构造

脱硫塔一般是由塔体、拱顶、进出气口、人孔、环形梁、气流分配筐、填料筐等组成(图 2-8)。根据处理沼气量的不同,在塔内可分为单层床或双层床。沼气在塔内流动方向可分为两种,一种是沼气自下而上流动,另一种是沼气自上而下流动。为了减少沼气的压力损失,便于更换脱硫剂,可将脱硫塔设计成以下三种形式:吊框式、中心管式和径向式(图 2-9)。脱硫塔一般采用 A3 或 A3F 钢板焊接制造,塔内、外表面都应作防锈处理。

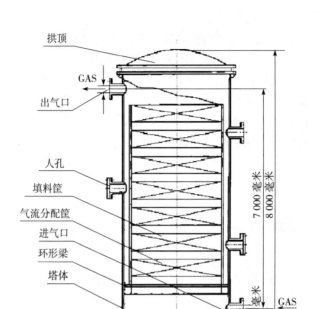

图 2-8 干式脱硫塔构造图

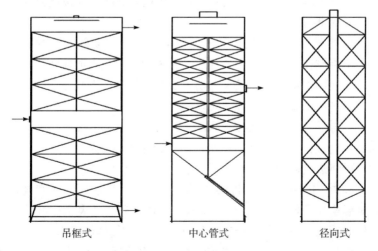

图 2-9 脱硫塔形式

（三）脱硫塔的安装

1. 脱硫塔的安装要由专业技术人员负责安装。

2. 应根据脱硫工艺流程图来进行安装脱硫塔。

3. 在脱硫塔的进出管路上，应留有用于空气再生的接口；在进出气管附近，应预留检测孔。

4. 在脱硫塔及流量计上均应安装旁通管，以便设备维修。

5. 脱硫塔排水管应与脱硫间排水管系统相连。

第二单元　干式脱硫剂再生

学习目的：根据干式脱硫剂的成分和脱硫原理，掌握脱硫剂再生技能。

一、再生操作

脱硫剂一般使用 3 个月后，脱硫塔出口气体中 H_2S 超过 1 毫克/升或使用要求指标，而硫容尚未到规定指标。此时塔内的脱硫剂会变黑，失去活性，脱硫效果降低，也可能板结，增加沼气输送阻力，严重时，沼气输送会被堵塞。因此，必须将脱硫剂再生或更换，脱硫剂再生要点如下：

1. 塔外再生是将失活的脱硫剂取出，先除去碎末，然后均匀疏松地堆放在平整、干净、背阳、通风的铁片或水泥地面上，在脱硫剂上喷洒少量氨水，经常翻动脱硫剂，使其与空气充分接触氧化再生待脱硫剂发红后再装回脱硫塔内。

2. 塔内自然再生是关闭塔上进气阀，打开放散阀，待沼气排除后，稍微打开进气阀，控制初期空速不宜过大，经 24～48 小时后，可将进气阀全部打开。

3. 塔内强制再生是将塔内沼气排净后，从塔底通入空气，一般常温常压下取空速为 20～40 米³/小时（空速是表示标准状态下单位时间内单位体积脱硫剂所能处理的沼气气体体积）。再生初期要低空速，塔内温度要严格控制在 90℃ 以下，如超过 90℃，可暂停通入空气，当温度降至 90℃ 以下时，可继续通入空气再生。当床层温度不升，进、出口的氧含量基本相等即可结束再生。

4. 塔内连续再生是指在脱硫的同时，根据沼气流量及所含 H_2S 浓度投加空气，此方法的应用需经过计算方能确定空气的投入量。

5. 脱硫剂最多只能再生 2～3 次，此后就需更换新的脱硫剂。

6. 脱硫剂初次再生可以在塔内自然进行，应尽量采用在塔外再生。由于经过塔外再生，同时除去脱硫剂中的碎末，从而提高再生效果。

二、注意事项

（一）运输

1. 脱硫剂在运输时要轻装轻放、避免震动和碰撞，以免破损。

2. 脱硫剂在保管期间，要防止吸嘲及化学污染。

（二）装填

脱硫剂装填好坏直接影响使用效果，必须引起足够重视，整个脱硫剂装填过程应有专人负责，并注意以下几点：

1. 在脱硫塔的格篦板上先铺设二层网孔小于为 8～10 目的不锈钢网。

2. 由于运输、装卸过程中会产生粉尘，填装前需要过筛，去掉粉末。

3. 使用专门的装填工具，卸料管应能自由转动，使料能均匀装填反应器四周，严禁从中间倒入脱硫剂，防止装填不匀。

4. 脱硫剂在使用过程中随吸硫量的增大而强度递增，故在脱硫塔中应分层装填。每层按脱硫剂装填高度画线，保证装足、装平、装匀。

5. 装填过程中，严格禁止直接踩踏脱硫剂，以免产生新的粉末。

6. 填装好后将表面刮平。

（三）使用

1. 严禁水泡，脱硫剂属于多孔性吸附剂，所以在运输、储存及使用过程中，都要绝对防止水浸，因水浸后，大量水充满活性孔隙而失去作用。

2. 脱硫剂可一次全部更换，也可按气流方向逐段更换。

3. 操作要稳定、使用要合理，以发挥其优良性能。

（四）储存

脱硫剂应储存于阴凉干燥处，防止包装内外破裂、与外界直接接触，吸附其他物质，因而降低吸附硫化氢的能力和使用效果。

三、相关知识

脱硫剂无论是塔内自然再生还是塔外再生，其再生反应是一种放热反应，温度越高反而不利于脱硫剂再生，如果温度过高会导致脱硫剂失效。因此，脱硫剂再生时一定要严格控制温度不超过70℃，并通过玻璃视镜监视，脱硫剂床层色峰应由黑色变成棕色，表明脱硫剂再生已经基本完成，如始终为黑色，则说明脱硫剂已失去活性，应更换新的脱硫剂。如果取样分析塔内进、出口气体中的含氧量基本相同时，说明再生反应基本结束。

第三单元　湿式脱硫装置维护

学习目的：根据湿式脱硫装置的构造和原理，完成其运行维护。

一、运行维护

（一）日常维护

1. 按照适宜配方，调配脱硫吸收液。适宜配方为：$NaCO_3$ 为 2.5%，磺酸钠（NQS）浓度为 1.2 摩尔/米^3，$FeCl_3$ 浓度为 1.0%，乙二胺四乙酸（EDTA）浓度为 0.15%，液箱 pH 为 8.5~8.8，吸收操作的液气比为 11~12（升/米^3）。

2. 使用前应对湿式脱硫装置进行系统检验，确认脱硫装置质量合格、使用安全，方可投入运行。

3. 脱硫系统投入运行后，应定期记录脱硫塔沼气进、出压力，以判断塔内脱硫的效果，如超过规定值时，应及时检查并排除故障。

（二）定期维护

1. 用控制 pH 来保证脱硫效率，要定期更换脱硫吸收液。

2. 冬季运行时，应注意脱硫塔的保温，以保障脱硫效果。

3. 应定期对脱硫塔进行安全检查和除锈防腐，经常对设备进行保养，从而保证脱硫装置正常运行。

二、注意事项

1. 由于湿式脱硫工艺路线比较复杂，必须专人值守。

2. 在运行中应随时监测脱硫液 pH，并按照适宜配方更换脱硫液。

3. 运行维护和更换脱硫液应注意安全。

三、相关知识

湿式脱硫分为物理吸收法、化学吸收法和直接氧化法。目前，国内常用的主要是直接氧化法脱硫，氧化法是把脱硫剂溶解在水中，液体进入设备，与沼气混合，沼气中的硫化氢与液体产生氧化反应，生成单质硫。湿式脱硫化学反应为：$Na_2CO_3 + H_2S \rightarrow NaHS + NaHCO_3$，成熟的湿式脱硫法，其脱硫效率可达 99.5% 以上。

湿式脱硫塔是由塔体（筒体，封头）、填

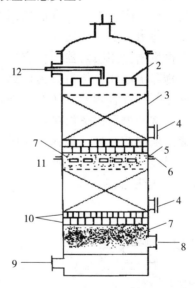

图 2-10 湿式脱硫装置结构图

1. 气体出口 2. 液体分布器 3. 壳体
4. 入孔 5. 支承与液体分布器之间的中间加料位置
6. 壳体连接法兰 7. 支承条 8. 气体入口
9. 液体出口 10. 防止支承板堵塞的整砌填料
11. 液体再分布器 12. 液体入口

料、填料支承、液体分布器和除雾器等组成，其结构如图 2 - 10 所示。

第四单元 湿式脱硫液处置

学习目标：了解湿式脱硫液再生相关知识，正确处置湿式脱硫液。

一、脱硫液处置

湿式脱硫液处置可概括为：吸收、再生、硫回收三个环节，它们之间相互依存、相互影响。湿式脱硫主要工艺为：脱硫→析硫→再生→浮选→分离的整体工艺路线。

湿式脱硫液具体处置方法如图 2 - 11 所示，从湿式吸收塔中吸收硫化氢后的高浓度含硫盐溶液进入富液槽，富液泵将富液输入再生槽。用喷射器引射空气氧化其中的硫化物，形成硫粒悬浮物和硫泡沫。然后分为两路，一路是经过再生后的碳酸钠和催化剂的混合溶液，还有从地槽而来加入催化剂的脱硫溶液，进入贫液槽后由贫液泵输入脱硫塔内。另一路是在再生槽内形成的硫泡沫，进入泡沫槽中贮存。经过滤器过滤，将溶液中的悬浮硫粒和泡沫硫过滤出来后进入地槽，过滤出来的硫经熔硫釜加热纯化。

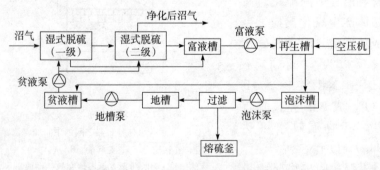

图 2 - 11 湿式脱硫系统工艺流程图

二、注意事项

1. 注意稳定溶液成分，操作调节要具有预见性。

2. 根据脱硫塔进、出口硫化氢含量来控制溶液循环量和系统总液量。

3. 对于湿式脱硫生产要始终贯穿脱硫、析硫、再生、浮选、分离的整体工艺，而硫回收岗位只是对上述工艺过程运行效果的总检验，其中每一个环节的失利均会导致系统的恶化。当完成脱硫吸收的目标后，最重要的就是将液体中的 HS^-、S^{2-} 转变成单质硫，最终将单质硫从溶液中分离出来，使溶液的成分恢复，循环使用。

三、相关知识

湿式脱硫液再生系统的操作方法：

1. 在再生系统运行过程中，应满足自吸空气量。

2. 在脱硫作业时，再生温度应控制 $38\sim42℃$ 为佳。

3. 在沼气脱硫生产中要勤观察、细调节，综合考虑，确保再生槽液面控制平稳，保持适当的泡沫层，并要平稳均匀的溢流。

第四节　中小型沼气工程监控设备维护

在沼气生产中利用监控设备对中小型沼气工程运行实施监控，为沼气安全、连续、高效生产运行打下坚实的基础。

第一单元　微电脑时控开关维护

学习目标：根据微电脑时控开关的安装和使用，完成微电脑时控开关的运行维护。

一、运行维护

微电脑时空开关可单独地完成现代工业控制所要求的智能化控制功能，能以天或周循环且多时段的控制各种大功率动力设备的开闭。将其应用于沼气工程，能实现无人值守自动进料、出料、搅拌、加温等作业。为了更好发挥微电脑时控开关的安全控制效能，必须按以下要求对其进行维护：

1. 管理人员必须认真阅读微电脑时控开关产品使用说明书，按要求安装、调试、使用及维护。

2. 控制开关进线只能接交流 220 伏特电源，切勿接入其他电源。

3. 为防强电流下熔点发热，接线时务必拧紧接线柱的螺钉，并经常检查接触状况。

4. 设定的时间，不能交叉设定，应按时间的顺序设定。

5. 将工作状态设定为自动模式时，控制器才能运行在设定的程序中。

6. 如发现控制开关不能正常开、闭时，应改为手动操作，并及时请专业人员维修。

二、注意事项

1. 电池更换时接箭头方向扣紧卡扣，并向外一拉，打开电池盖，按正确的方向更换电池后，应将电池盖扣紧盖好。

2. 时控开关红灯亮有电进入，红、绿灯同时亮开关有电输出。

3. 如控制开关无法正常使用时，应有专业人员维修，不可私自拆卸。

4. 管理人员不能完全依赖于微电脑时控开关而实现对沼气工程运行的控制，应经常检查控制器的运行状况，发现问题，及时处理。

5. 若长期不使用，内置电池电压不足时，液晶屏幕出现不显示，可将时控开关（输入端）接上电源充电，屏幕即可显示时钟，此时该机恢复全部功能，便可正常使用。

三、相关知识

（一）微电脑时控开关的构造及原理

微电脑时控开关是由一个以单片微处理器为核心配合电子电路

等组成电源开关控制装置，单片微处理器简称单片机，它是一种集成电路芯片，采用超大规模技术把具有数据处理能力的微处理器（CPU），随机存取数据存储器（RAM），只读程序存储器（ROM），输入输出电路（I/O），其中还包括定时计数器，串行通信口（SCI），显示驱动电路（LCD 或 LED 驱动电路），脉宽调制电路（PWM），模拟多路转换器及 A/D 转换器等电子电路集成到一块单块芯片上，构成一个最小然而完善的计算机系统。这些电路能在软件的控制下准确、迅速、高效地完成程序设计者事先规定的任务。

（二）安装方法

搅拌机控制器安装可分为三个步骤：

1. 安装准备

（1）技术文件

①安装设计书。

②施工详图：随机手册。

（2）工具仪器准备　如螺丝刀、扳手、剪线钳、剥线钳、万用表。

（3）现场安装条件检查　为保证可编程控制器工作的可靠性，尽可能地延长其使用寿命，在安装时一定要注意周围的环境，其安装场合应该满足以下几点：

①环境温度在 0～55℃ 范围内，环境相对湿度应在 35%～85%。

②周围无易燃和腐蚀性气体，周围无过量的灰尘和金属微粒。

③避免过度的震动和冲击，不能受太阳光的直接照射或水的溅射。

2. 整机安装

①选定机柜的安装位置。

②底板安装。利用控制器机体外壳四个角上的安装孔，用规螺钉将控制柜固定在底板上。

③控制柜机身要与地面垂直。

④控制器进出线位置要合理。

⑤控制柜安装完成后，为保证其防水性能，需要对有些孔洞处涂上防水胶。

3. 电气连接

（1）电气连接的原则是安全、可靠、规范。

（2）零线应确保连通，如何情况下不能掉线、断路。

（3）在连接前所有的电缆要预先配置好。

（4）接地线应尽量短和直。

（5）当电气连接完成后，要进行一次检查。

4. 注意事项

（1）电气连接时，切勿直接接触或通过潮湿物体间接接触高压、市电，会带来致命危害。

（2）确认控制器上所有的开关处于断开状态后，方可进行接线。

（3）为防强电流下熔点发热，接线时务必拧紧接线柱的螺钉。

（4）控制开关进线 220 伏特交流电/50～60 赫兹电源，切勿接到 380 伏特交流电。

（三）使用方法

利用微电脑时控开关对搅拌机、粉碎机、粪草分离机、进料泵、出料泵、加热循环泵的电机实行控制，能满足沼气发酵的工艺要求，实现无人值守持自动作业，从而提高沼气的产气率，发挥沼气工程的最大效益。由于微电脑时控开关的种类较多，因此仅以 KG316T 微电脑时控开关（图 2-12）为例，说明时控开关的使用方法。

1. KG316T 时控开关性能指标 KG316T 时控开关的性能指标详见表 2-3。

表 2-3　KG316T 型微电脑时控开关性能指标

项　目	参　数	项　目	参　数
标准工作电源	220 伏特/50 赫兹	计时误差	<0.5 秒/天
使用电压范围	180～240 伏特	环境温度	−10～50℃
开关容量	阻性 25 安培	相对湿度	<95%

（续）

项 目	参 数	项 目	参 数
消耗功率	<4瓦	外形尺寸	120毫米×75毫米×51.5毫米
时控范围	1分钟～168小时	重 量	210克

注：有10组开关时间，手动、自动两用。

图2-12 KG316T微电脑时控开关

2. KG316T 时控开关接线

（1）直接控制方式的接线 被控制的电器是单相供电，功耗不超过本开关的额定值（阻性负载不超过25安培，感性负载不超过20安培），可采用直接控制方式。接线方法如图2-13所示。

（2）单相扩容方式的接线 被控制的电器是单相供电，但功耗超过本开关的额定容量（阻性负载超过25安培，感性负载超过20安培），那么就需要超过一个容量超过电器功耗的交流接触器来扩容。接线方法如图2-14所示。

（3）三相工作方式的接线 被控制的电器三相供电，需要外接

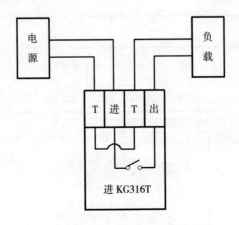

图 2-13　直接控制方式的接线图

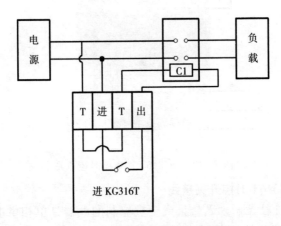

图 2-14　单相扩容方式的接线图

三相交流接触器：①接线图 2-15 所示，控制接触器线圈电压 AC220V、50Hz；②控制接触器的线圈电压为 AC380V、50Hz 的接线方法如图 2-16 所示。

3. KG316T 微电脑时控开关定时设置

（1）使用 KG316T 微电脑时控开关前把产品左面的电池开关置于"开"位置，显示器上显示（星期一、5 点正），按住"时钟键"不放的同时再按"星期键、时键、分键"，调整北京时间。设

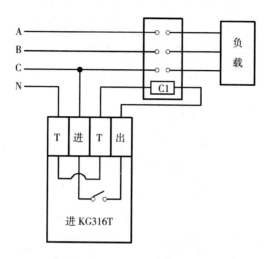

图 2 - 15　三相工作方式的接线图

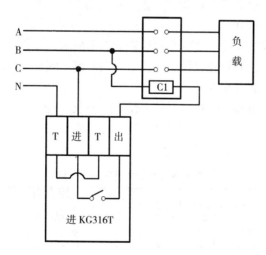

图 2 - 16　三相工作方式的接线图

定开关时间（表 2 - 4）。

表 2-4　设定开关时间

步骤	按　键	设　定　项　目
1	按（手动）	使显示器的短横线在自动位置
2	按（设定）	进入定时开设定（显示 ON）
3	按（星期）	设定每天相同，每天不同，星期一至星期五相同，或星期六至星期日相同
4	按（时）（分）	设定开的时间
5	按（设定）	进入定时关设定（显示 OFF）
6	按（时）（分）	设定关的时间
7	重复 2~6	设定第 2~12 次开关的时间
8	按（时钟）	结束时间设定

（2）如不需 12 个开关定时按（时钟）键，返回实际时间。如设定错误或取消设定请按（取消）键，再按一次恢复原来的设定，无设定时显示（——：——）。

（3）检查：按（设定）键检查所设定的时间是否正确。

（4）修改：请在该设定处按（取消）键，然后重量新设定该定时开关的时间及星期。

（5）结束检查：按（时钟）结束检查及设定，显示时钟。

（6）手动控制：按（手动）键，即可实现随意的开关。

中英文周日标志对照见表 2-5。

表 2-5　中英文周日标志对照

Mon.	Tues.	Wed.	Thur.	Fri.	Sat.	Sun.
星期一	星期二	星期三	星期四	星期五	星期六	星期日

第二单元　沼气流量计维护

学习目标：根据沼气流量计的构造和原理，完成沼气流量计的运行维护。

一、运行维护

（一）日常维护

将沼气流量计安装到输气管道的不同部位，可测量出沼气累积流量和瞬时流量，得出厌氧沼气池的累计产气量和每天产气量，从而为沼气工程的科学管理、高效运行提供了依据。

在沼气工程运行过程中，每班至少进行两次巡回检查，内容包括：

1. 向当班工艺人员了解沼气流量计运行情况。
2. 查看流量计指示累积是否正常。
3. 查看流量计供电是否正常。
4. 查看流量计体连接件是否损坏、腐蚀。
5. 查看流量计外线路有无损坏、腐蚀。
6. 查看流量计与工艺管道连接处有无泄漏。
7. 查看流量计电器接线盒及电子元件盒密封是否良好。
8. 发现问题及时处理，并做好巡回检查记录。

（二）定期维护

1. 每周进行一次仪表清洁工作。
2. 每年对仪表内单元接插件连接进行检查。
3. 如果发现流量计有质量问题，应及时与产生厂家联系，对产品进行维修或更换。
4. 定期校准流量计，周期为 12 个月，每年对沼气流量计进行一次校准。

二、注意事项

在管路设计和安装时，不允许直接在沼气流量计测量管前后端安装阀门、弯头等极大改变流体流态的部件，如果需要在沼气流量计前后管道上安装阀门、弯头等部件，应尽量保证前后直管段长度。

三、相关知识

（一）沼气流量计结构与原理

沼气流量计（图2-17）整套系统是由流量电容力传感器、智能液晶主机、温压补偿原件及仪表阀门组件构成。

图2-17　沼气流量计

流量计工作原理是当沼气在测量管中流动时，因其自身的动能通过阻流件（靶）时而产生的压差，并对阻流件有一作用力，其作用力的大小与介质流速的平方成正比，其数学表达式为：

$$F = C_d \cdot A \cdot \rho \cdot V^2/2 \qquad (2-1)$$

式中：F——阻流件所受的作用力（千克）；

C_d——物体阻力系数；

A——阻流件对测量管轴向投影面积（毫米^2）；

ρ——工况下介质密度（千克/米^3）；

V——介质在测量管中的平均流速（米/秒）。

阻流件（靶）接受的作用力F，经刚性连接的传递件（测杆）传至，电容力传感器产生电压信号输出：$V = KF$，由此，电压信号经前置放大、AD转换及计算机处理后，即可得到相应的瞬时流量和累积总量。

（二）流量计的安装

1. 流体必须与传感器表体的标注方向一致。

2. 传感器两边法兰必须保持平行，否则容易泄漏。

3. 管道不能有震动。

4. 传感器安装点附近不能有无线电收发机存在，否则高频噪声会干扰传感器的正常使用。

5. 传感器最好安装在室内。

思考与练习题

1. 如何维护中小型沼气工程的管路附件？

2. 怎样处理管路附件的故障？

3. 如何维护中小型沼气工程的储气柜？

4. 干式脱硫装置日常维护与定期维护的要点是什么？

5. 湿式脱硫装置维护的细则什么？

6. 怎样处置湿式脱硫液？

7. 如何维护微电脑时控开关？

8. 沼气流量计的维护要点是什么？

第三章　使用装备运行维护

本章的知识点是学习与中小型沼气工程相配套的锅炉、采暖装备的构造、原理、安装、维护、故障处理等知识，重点是掌握锅炉与采暖装备的维护及故障处理关键技能。

第一节　沼气锅炉维护

沼气锅炉按照介质分为热水锅炉、蒸汽锅炉、有机热载体锅炉；按照用途分为采暖锅炉、洗浴锅炉、蒸煮锅炉；按结构可分为立式沼气热水锅炉和卧式沼气热水锅炉等。沼气锅炉本身也需要安全认证，沼气锅炉的安装、标识、检修遵循国家标准《燃气采暖热水炉》（GB 25034—2010），操作人员必须持证上岗，以上这些要求与普通锅炉相同。

第一单元　沼气锅炉运行维护

学习目标： 根据沼气锅炉的构造和原理，完成沼气锅炉的运行维护。

一、运行维护

定期对沼气锅炉进行维护，能延长锅炉使用的寿命，提高锅炉的职业频率，降低故障率，有利锅炉正常安全运转。沼气锅炉的维护应该是全面对锅炉进行调查、清洗、调养，容纳水路、电路、气路、燃烧部分及相关配件等范围，沼气锅炉的维护主要包括以下内容。

（一）月度维护项目

1. 供气管路检查

（1）轻油过滤器清洗。

（2）点火沼气管路气密性检查。

（3）检查管路是否通畅。

2. 仪表检查

（1）水位表冲洗。

（2）压力表弯管冲洗。

（3）安全阀试验。

3. 燃烧器检查

（1）火焰检测器清扫受光面。

（2）检查油泵工作压力是否正常。

（3）检查燃烧火焰是否正常。

（4）检查燃烧时，燃烧器声音是否有异常。

（5）清洗转杯盘。

（6）清洗点水棒。

4. 进水系统检查

（1）清洗水过滤器。

（2）水泵是否达到额定扬程和流程。

（3）止回阀工作是否正常。

5. 日用油箱排水及清扫杂物、水质化验、炉水化验。

6. 检查沼气燃烧耗量是否正常。

（二）季度维护项目

在每月定期维护项目的基础上，应做好以下检测项目：

1. 电器部分

（1）线路是否有松动、老化、失灵。

（2）检查电器元件是否可靠、过载。

（3）电器保护装置是否正常。

2. 软水箱停用时打开低阀排放泥渣。

3. 检测锅炉再点连锁装置

（1）低水位。

（2）超压。

（3）熄火。

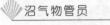

（4）排烟温度超高。

4. 质烟检测

（1）烟气成分分析。

（2）尾烟温度检测。

（3）检查燃烧是否正常工作。

5. 清洗污迹

（1）清洗锅炉本体。

（2）清洗燃烧器外表。

（三）年度维护项目

1. 主机部分

（1）全面清理烟道、水管、前后烟箱、炉膛部分及燃尽室及烟管集灰。

（2）全面开盖检查手孔、人孔等检查孔的密封完好程度，并及时更换有缺陷的密封垫。

（3）全面检测的整定仪表、阀门。

2. 燃烧器部分

（1）全面清理燃烧器转杯盘、点火装置、过滤器、油泵、电机及叶轮系统，对风门连杆机构加润滑剂。

（2）对燃烧情况重新给予检测。

3. 控制部分

（1）检修及检测电器元件、检查控制线路。

（2）清理控制箱集灰，每个控制点进行检测。

4. 给水系统

（1）检修水处理装置，检查树脂是否达标。

（2）全面清理软水箱、止回阀阀芯等。

（3）检查给水泵自动进水及扬程。

二、注意事项

1. 沼气管道要严防泄漏。炉前段管道，送沼气前应用蒸汽吹刷管道内的空气，然后送沼气。停沼气时，再用蒸汽吹刷管内沼气。

2. 点火之前先将风闸拉开，微开引风机，使炉膛内存气排出，并有一定负压。然后先点火，后开沼气，燃烧后逐渐调节沼气量。严禁先开气后点火。

3. 如果送沼气点不着或点着后又熄灭，找出原因、排净炉膛内混合气体后再点。

4. 停炉时要先关沼气再停风机。

5. 锅炉运行期间，应定期检查。如发现运行不良，应及时通知维修人员。

6. 为保证系统运行安全，可设置沼气火炬，燃烧余气。

三、相关知识

沼气热水锅炉是由燃烧室、水管、负压蒸汽室、热交换器、热媒水等组成的（图3-1、图3-2）。当燃烧机启动后，在负压下炉体内的热媒水吸收燃料燃烧释放的热能，沸腾汽化为低温蒸汽，低温蒸汽上升遇到换热器中的系统循环水，加热系统循环水送给用户用于采暖或卫生热水。水蒸气自身被冷却凝结成水滴下落到热媒水面后再一次被加热，从而完成了整个循环过程。热媒水不断在封闭机体内进行着"沸腾⇔蒸发⇔冷凝⇔热媒水"的循环过程。

图3-1 卧式沼气蒸汽热水锅炉示意

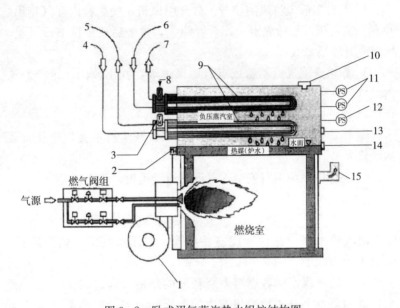

图 3-2　卧式沼气蒸汽热水锅炉结构图

1. 鼓风机　2. 热媒水（TH）　3. 生活热水（TH）　4. 生活热水（回）

5. 生活热水（供）　6. 采暖回水　7. 采暖供水　8. 采暖热水（TH）

9. 热交换器　10. 安全阀　11. 真空控制开关　12. 负压表

13. 防过热控制开关　14. 液面监视孔　15. 烟道

第二单元　沼气锅炉故障处理

学习目标：根据沼气锅炉的构造和原理，完成沼气锅炉故障处理。

一、故障处理

由于沼气锅炉故障多原因复杂，以下仅以沼气锅炉启动及燃烧器故障为主，介绍沼气锅炉故障及常见事故应急处理措施（表 3-1），其他故障处理可参考一般锅炉故障处理进行。

表 3-1　沼气锅炉故障及常见事故应急处理措施

	故障现象	故障原因	处理措施
启 动 故 障	1. 接通电源， 按启动、电 机不转	(1) 气压不足锁定 (2) 电磁阀不严，接头处漏气， 检查锁定 (3) 热继电器开路 (4) 水位压力温度以及程控器 是否通电起动	(1) 调整气压至规定值 (2) 清理或修理电磁阀管道 接头 (3) 按复位检查元件是否损 坏以及电机电流 (4) 检查水位、压力、温度 是否超限
	2. 启动后前吹 扫正常，但 点不着火	(1) 电火气量不足 (2) 电磁阀不工作（主阀、点 火阀） (3) 电磁阀烧坏 (4) 气压不稳定 (5) 风量太大	(1) 检查线路并修复 (2) 换新 (3) 调整气压至规定值 (4) 减小配风，减小风门 开度
	3. 点不着火， 气压正常， 电有不打火	(1) 点火变压器烧坏 (2) 高压线损坏或脱落 (3) 间隙过大或过小，点火棒 位置相对尺寸 (4) 电极破裂或与地短路 (5) 间距不合适	(1) 换新 (2) 重新安装或换新 (3) 重新调整 (4) 重新安装或换新 (5) 重新调整
	4. 点着后 5 秒 后熄火	(1) 气压不足，压降太大，供 气流量偏小 (2) 风量太小，燃烧不充分， 烟色较浓 (3) 风量太大，出现白气	(1) 重新调整气压，清理 滤网 (2) 重新调整 (3) 重新调整
	5. 冒白烟	(1) 风量太小 (2) 空气湿度太大 (3) 排烟温度较低	(1) 调小风门 (2) 适当减小风量，提高进 风温度 (3) 采取措施,提高排烟温度
	6. 烟囱滴水	(1) 环境温度较低 (2) 小火燃烧过程较多 (3) 燃气含氢量高，过氧量大 生成水 (4) 烟囱较长 (5) 排烟温度较低	(1) 减小配风量 (2) 降低烟囱高度 (3) 提高炉温
	7. 风门在控制 状态下停机	风门位置开关信号没有反馈到 程序信号	检查风门接线是否松动或开 关是否失灵

（续）

	故障现象	故障原因	处理措施
一般故障	8. 燃烧器马达不转	(1) 没有电压 (2) 保险丝损坏 (3) 马达失灵 (4) 控制电路中断 (5) 燃气输送中断 (6) 控制失灵 (7) 接触器不动作 (8) 热继电器损坏	(1) 接上电路 (2) 更换 (3) 修理 (4) 寻找断开点，接触或断开调节器或监控器 (5) 打开球阀，在长时间燃气量不足的情况下，通知燃气管理机构 (6) 更换 (7) 手动复位检验 (8) 更换热继电器
空气量不足	9. 燃烧器马达运转，但在预吹扫后停机燃烧器马达运转，但大约20秒后停机（只对带有密封检验装置的设备而言）	(1) 空气压力开关失灵 (2) 压力开关受污，管道阻塞 (3) 电磁阀不密封	(1) 更换 (2) 清洁 (3) 排除不密封的情况
	10. 燃烧器马达运转，但在10秒后在预吹扫状态中停机	(1) 压力开关触点没有接在运转位置（空气压力大小） (2) 鼓风机受污，热继动作 (3) 燃烧器马达旋转方向错误	(1) 正确调节压力开关，如果需要，进行更换 (2) 清洁 (3) 电源换极
点火失败	11. 燃烧器马达运转，电压加在控制器接线柱上，没有点火，稍后故障停机	(1) 点火电极距离太大 (2) 被污染 (3) 点火电极或电路接地 (4) 点火变压器失灵	(1) 调节电极间距 (2) 清洗 (3) 排除接地，更换受损电极或电缆 (4) 更换点火变压器
火焰未形成	12. 马达运转，点火正常，但稍后故障停机	(1) 电磁阀没有打开，因为电磁阀线圈损坏或电缆断裂	(1) 更换电磁阀或排除电路不通的故障，在接线柱上检验电压

（续）

故障现象	故障原因	处理措施
火焰未形成 13. 在带有密封性检验装置的设备中，密封不严；燃烧器马达运转，点火正常，但稍后停机（无故障显示）	（1）电磁阀不密封 （2）供气不足 （3）过滤器堵塞	（1）排除不密封的情况 （2）清洗或更换

二、注意事项

处理沼气锅炉故障时，首先要切断气源，防止因管路漏气与明火而发生爆炸。

三、相关知识

（一）沼气锅炉安装准备

1. 安装地点、锅炉安装单位必须有上级主管部门颁发的符合安装范围的锅炉安装资格证书。

2. 办理登记手续。

3. 组织工作人员学习安装技术措施、安全技术措施，并熟悉锅炉图纸及有关技术文件。

4. 安装前应对锅炉本体、燃烧设备、部件、辅机、附件按图纸进行检查验收，做好记录，如发现不符合有关标准应及时向厂方提出。

（二）炉及辅机吊装

1. 炉本体、辅机、附件包装箱、仪表包装箱请按厂方指定的吊装位置进行吊装。

2. 重车辆、起吊设备、绑扎所需的钢丝绳等都须有足够的载重能力，并应符合技术规范。

3. 起吊前按技术规范中标注的大小尺寸及大件重量选用起吊

设备，并制定相应的安全防范措施。

（三）炉主机安装

1. 基础的确定应根据当地土质，参考提供的图由土建部门重新设计。

2. 基础达到强度后，应按锅炉图纸进行检查及验收，并化出锅炉整体的三条基准线：

①纵向基准线——锅筒中心。

②横向基准线——前面板位置线或面板位置线。

③标高基准线——可以在基础四周选有关的若干地点分别作标记，各标记间的相应偏移不应超过 1 毫米。

3. 锅炉主机搬运到安装地点后，应先校核锅炉中心线，是否与基地上划出的中心线相符合；水位表的正常水位是否水平；然后检查底座和地基的接触是否严密，如有空隙，应加垫铁或涂水泥，保证风室不漏风。

4. 安装位置尺寸偏差和检验方法按相关规范执行。

（四）辅机安装

1. 燃烧器、给水泵的安装，安装前应按照供货清单进行开箱检查，当确认实物与供货清单相符且检查合格后方可安装。安装后检查有无卡住、漏风等。最后接通电源试车，检查电机转向是否正常，有无摩擦振动、电机温度是否正常。

2. 连接的烟风道，如果与设计图样不一致，长度、弯头、截面积变化较大时，应重新设计烟风阻力，校对鼓、引风机的流量、压头，满足锅炉实际需要。

（五）烟囱的安装

1. 烟囱安装时法兰间应垫嵌石棉绳，并用吊垂线的办法检查烟囱的垂直度。如有偏差可在法兰连接处垫平校正。

2. 拉线（钢丝绳）用法兰螺栓拉紧，注意三根钢丝绳的松紧程度应相同。

3. 根据环境和当地部门的要求，可以缩短或加高烟囱。

（六）锅炉管道仪表的安装

1. 水位表与锅筒正常水位线标高偏差为±2 毫米。应准确标明最高安全水位、最低安全水位和正常水位的位置。

2.水位表应有放水阀门（或放水旋塞）和接到安全地点的放水管。

3.压力表应装在便于观察和吹洗的位置，并防止受到高温、冰冻和震动的影响。

4.压力表应有存水弯管，压力表与存水弯管之间应装有旋塞，以便吹洗管路，卸换压力表。

5.刻度盘面上应标有红线，表示锅炉工作压力正常范围上限。

6.安全阀应在锅炉水压试验完成后安装，应在初次升火时进行安全阀工作压力的调整。安全阀应装设排气管，排气管应通安全地点，并有足够的截面积，保证排气通畅。安全阀排气管底部应装有接地安全地点的疏水管，在排气管上和疏水管上不允许装设阀门。

7.每台锅炉应装独立的排污管，排污管应尽量减少弯头，保证排污通畅并接到室外安全的地点，几台合用一个总排污管，必须有妥善的安全措施，采用有压力的排污膨胀箱时，排污箱上应装有安全阀。

8.锅炉的排污阀，排水管不允许用螺纹连接。

（七）沼气管路安装要求

燃烧器上备有留有"进气"阀管接口，只要将锅炉房中相应供气管接上即可。

第二节　沼气采暖装备维护

沼气是一种高品质的清洁能源，其中甲烷占 $50\% \sim 70\%$，燃烧热值较高。1米^{3}纯甲烷，在标准状况下完全燃烧，可放出35 822千焦的热量，最高温度可达1 400℃。沼气采暖装备是利用沼气在特制的燃烧器中燃烧放出热量，直接取暖、加热热水或产生蒸汽。常见沼气采暖装备有沼气取暖灯、沼气取暖炉、沼气采暖锅炉等。

第一单元　沼气采暖装备运行维护

学习目标：根据沼气采暖装备构造和原理，掌握沼气采暖装备运行维护技能。

一、运行维护

沼气采暖装备的维护以家用壁挂沼气锅炉为例，说明对沼气采暖装备的一般维护方法。壁挂沼气锅炉的维护应是全面对锅炉进行检查、清洗、保养，包括水路、电路、气路、燃烧部分及相关配件等方面。锅炉的维护一般为一年一次，维护主要项目有：

1. 清洁燃烧器及喷嘴。
2. 清洁热交换器（如果必要，用清洁剂清理）。
3. 清洁风机及文丘里管。
4. 清洁烟道及检查固定情况。
5. 检查及清理点火电极。
6. 清洁燃烧室灰尘和积垢。
7. 检查清洁自动旁通，温度传感器，安全阀等水利组件。
8. 清洗副板换，检查卫生热水最小启动流量。
9. 清洗水系统的垢质和污物（如果必要，用清洁剂清理）。
10. 检查清洁燃气阀。
11. 检查及调节二次燃气压力至正常值。
12. 检查安全装置，堵住烟道看火焰是否熄灭且有保护。
13. 检查膨胀水箱压力（若不足，则冲至正常）。
14. 全面检查测试锅炉燃烧情况。
15. 检查清理锅炉的外部，并告知用户锅炉目前的状况。

二、注意事项

1. 应定期检查沼气采暖装备输气管路系统的密闭性，防止沼气泄漏。
2. 应定期检查沼气采暖装备水循环系统的渗漏性，防止管路渗水。

3. 应定期检查沼气采暖装备水循环系统的渗漏性，防止管路渗水。

三、相关知识

（一）壁挂沼气锅炉的构造

壁挂沼气锅炉是由燃气系统、燃烧系统、采暖水系统、卫生水系统、主换热器、二次换热器及控制系统等组成（图 3-3）。

（二）壁挂沼气锅炉的工作原理

1. 当需要供暖时，三通阀切换至供暖位置，循环水泵和风机自动开启。燃气阀自动打开，锅炉进入正常工作阶段。此时采暖水的流向：采暖水回水口→膨胀水箱→循环水泵→主换热器→三通阀→采暖水出口→散热设备→采暖水回水口。

2. 当需要卫生热水时，三通阀自动切换至卫生热水位置，炉停止供暖采暖，水只在炉内部循环，并通过板式换热器向卫生用水传递热量，加热卫生水。当不需要卫生热水时，三通阀又自动切换供暖位置。此时采暖水的流向：采暖水回水口→膨胀水箱→循环水泵→主换热器→三通阀→板式换热器→膨胀水箱。而卫生热水的流向：冷水入口→板式换热器→卫生热水出口。

（三）壁挂沼气锅炉的安全使用

1. 接入电源开关必须要有可靠的接地。

2. 锅炉的安装和维修服务必须由经过培训合格的专业人员完成。

3. 锅炉应该与一个在性能和热负荷上都匹配的采暖网和热水输送管线相连接。

4. 必须要保证锅炉烟管的吸、排气通畅。

5. 锅炉的安全装置和自动调节装置在设备的整个使用期间都不得擅自改动。

6. 在冬季可能结冰的环境下，必须保持给锅炉通气和通电，并开通管路系统的阀门，以确保锅炉的防冻和防卡死功能起作用。

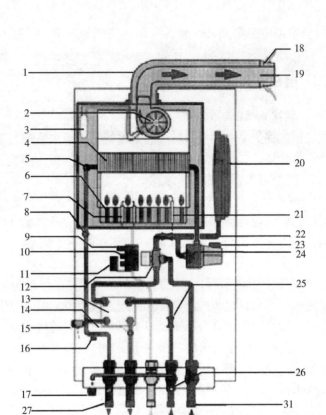

图 3-3　壁挂沼气锅炉构造及工作原理图

1. 平衡式烟道　2. 风机　3. 风压开关　4. 主换热器　5. 过热保护
6. 燃气燃烧器　7. 点火电极　8. 采暖温度传感器　9. 燃气调节
阀　10. 燃气安全电磁阀　11. 高压点火器　12. 三通阀　13. 生活
热水热交换器　14. 生活热水温度传感器　15. 压力安全阀　16. 缺
水保护　17. 泄水阀　18. 空气进口　19. 烟气出口　20. 闭式膨胀
水箱　21. 火焰检测电极　22. 采暖水水流开关　23. 自动排气阀
24. 循环泵　25. 生活热水水流开关　26. 补水阀　27. 采暖供水接口
28. 生活热水接口　29. 燃气接口　30. 冷水接口　31. 采暖回水接口

7. 如果长期不使用锅炉，请关闭气源、切断电源并将锅炉及管道内的水排干净。

8. 清洁锅炉前，应关闭总电源。身体潮湿时或赤脚时，不得触摸锅炉。

9. 不要在锅炉房间里留下易燃物质，不要用棉布、纸堵塞排烟口及进气口。

10. 挂炉在工作时，底部的暖气、热水出水管、烟管温度较高，严禁触摸，以免烫伤。

11. 如果闻到沼气或未燃烧产物的气味时，不要使用电器设备例如开关、电话等用具。这时立即关闭燃气总阀门、打开门窗给室内通气，然后查明原因并通知专业维修人员。

12. 定期检查锅炉的水压及工作情况，必须要保证锅炉的水、电、气充足和畅通。

第二单元　沼气采暖装备故障处理

学习目标：根据沼气采暖装备的构造和原理，完成沼气采暖装备故障处理。

一、故障处理

以沼气壁挂采暖锅炉为例，说明沼气采暖准备故障的一般处理措施（表3-2）。

表3-2　沼气壁挂采暖锅炉常见故障及处理

故障现象		故障原因	处理措施
压力不足	水泵不运转，控制器报警，显示屏显示的故障代码为压力不足	（1）管道缺水，压力表显示管道水压不足；（2）压力开关故障；（3）管道系统内有大量的空气	（1）管道缺水进行补水；如果管道泄漏，想办法堵漏处理；（2）用万用表检测，如果压力开关不接通，则更换压力开关；如果接触不良则重新接插好；如果线路断路则更换导线；如果插错端子则按正确接插；（3）对管道系统进行排气。

（续）

故障现象		故障原因	处理措施
管道缺水	水泵不运转，风机不运转，控制器报警，显示屏显示的故障代码为管道缺水	（1）水泵电源线脱落；（2）水泵因为长时间不用抱死	（1）检测水泵是否正常，如果控制器出现故障，更换控制器；如果控制器有电压输出，水泵没电则是接插件脱落，接触不良或者导线断开，采取相应的措施处理；（2）如果有电压输入水泵，而水泵不转，可能为水泵抱死，维修使其恢复正常；如果检测水泵断路或短路，则为水泵烧毁，更换水泵
	水泵运转，风机不运转，控制器报警，显示屏显示的为管道缺少故障代码	（1）水泵有空气没有排尽导致水泵空转；（2）采暖系统分配器没有打开或者过滤器堵塞；（3）管道内有空气没有排尽；（4）水流开关故障；（5）压差式机型管道产生的压差不够	（1）拧开水泵端面一字口铜螺丝，排尽水泵空气，重新启动；（2）采暖系统分配器没打开，则打开分配器；如果过滤器堵塞，则拆下过滤器冲洗干净之后装好，进行补水排气，重新启动；（3）管道内有空气没有排尽则排尽空气重新启动；（4）水流开关故障用万用表检测，查明原因，相应处理
风机风压故障	风机不运转或运转缓慢，控制器报警，显示屏显示风机风压故障代码	（1）风机卡死或烧坏；（2）接插件接触不良；（3）控制器故障；（4）电容损坏；（5）市电压力过低	（1）用万用表检测风机，断路更换风机，卡死也更换风机；（2）接插件接触不良重新接插好；（3）控制器故障更换控制器；（4）可以用手拨动风机叶轮能启动则为电容损坏，更换电容；（5）加装调压器，调高市电电压使之为220伏
	风机运转正常，控制器不点火，主控制器报警，显示屏显示故障代码为风机风压故障	（1）风压开关短路；（2）风压开关不闭合；（3）接插件接触不良；（4）吸排气口堵塞；（5）控制器故障	（1）用万用表检测，如果在风机启动之前，风压开关就已经闭合接通，则更换功或调节风压开关；（2）如果在风机启动之前正常，而在风机启动之后不闭合，则可以调整风压开关，如果调整之后仍然不能解决问题，则更换风压开关；另检查是否为文丘管或风压管堵塞；（3）如果接插件接触不良，则重新接插好；（4）前面的故障均排除，则检查吸排气是否顺畅，或者堵塞；如果吸排气不顺，则清理烟道，如果堵塞则清理干净；（5）1、2、3、4的故障均已排除，则检查脉冲点火器接插件是否接触良好，主控器是否有4.5伏电压输出。如果接触不良，则接插良好；如果有4.5伏输出则更换脉冲点火器；如果没有4.5伏输出则更换主控制器

（续）

故障现象	故障原因	处理措施
点火失败	脉冲点火器正常点火，但点不着火，主控制器报警，显示屏显示点火失败故障代码	（1）点火针绝缘瓷体破损或金属针松动导致点火电火花弱；（2）燃气阀电源供应异常，导致电磁阀打不开；（3）比例阀点火电流调节不合理；（4）分段阀小火气流量调节不合理；（5）燃气阀阀门积有异物，使其启动不良；（6）比例阀橡胶鼓膜不良；（7）电磁阀线圈破损（短路或开路）；（8）燃气压力过高或过低；（9）双速风机的高低速线接返；（10）点火针的有关参数不正确	（1）更换点火针；（2）更换主控器；（3）调节合理的比例阀点火电流；（4）调节合理的分段阀小火燃气流量；（5）清除燃气阀阀门的异物；（6）更换燃气阀；（7）更换电磁阀；（8）调节燃气压力使之为额定压力；（9）正确接好双速风机的高低速线；（10）点火针间距过大或过小则调整为3～4毫米；点火针方向严重偏歪则调整或更换点火针，点火针与燃烧器距离过远则调整合理
意外熄火	点着火之后熄火，主控器报警，显示屏显示意外熄火故障代码。	（1）火焰感应针炭；（2）火焰感应针连接线接触不良；（3）吸、排气口堵塞或烟道进空气口没有伸长墙外；（4）外面的倒风太大；（5）供应的燃气压力异常，过高或过低；（6）控制器故障；（7）火焰感应针不接触火焰；（8）烟道没有安装好；（9）把进排气管装了公共烟道；（10）接地线脱落或断路	（1）清理火焰感应针的积炭；（2）火焰感应针连接接插良好；（3）清理吸、排气口，使吸、排气顺畅；（4）改变吸、排气的位置或方向；（5）调节燃气压力使之为额定供气压力；（6）更换控制器；（7）把火焰感应针调整到在大火或小火时均能接触火焰的位置。最好是火焰的内焰与外焰的交界处；（8）禁止把进排气烟道接入公共烟道，把它移至室外；（9）如果取开烟管就正常则为烟管没有接插好，重新把烟管连接好
过热故障	壁挂炉熄火，主控器报警，故障显示屏显示过热干烧故障代码	（1）采暖分器被关闭，导致主热交换器中的水温急速上升，热水温度超过90℃，导致旁通阀打开；（2）采暖管路堵塞，使水循环速度减慢，水温急速上升，热水温度超过90℃；（3）过热保护温控器不良，应常闭而不能常闭；（4）三通阀流向切换功能紊乱（三通阀型），有可能为连接线错位或者球体装配错位及对球体旋转不良，导致在采暖时，热水经三通阀进入板换而进行小循环，水温急剧上升；（5）控制器故障；（6）分配器（开关）装反方向；（7）过滤器堵塞	（1）打开采暖分配器；（2）疏通采暖管道；（3）更换过热保护温控器；（4）连接线错位则纠正连线；球体装配错位就重新正确装配三通阀球体；球体旋转不良则更换三通阀；（5）更换控制器；（6）重新装配分配器（开关），使之方向正确；（7）清洗过滤器

（续）

故障现象		故障原因	处理措施
温度传感器故障	壁挂炉熄火，主控器报警，显示器显示采暖或热水传感器故障代码	（1）温度传感器短路；（2）温度传感器开路	（1）如果是由于线路中的连接线绝缘层破损并短路则更换导线；如果是温度传感器破损则更换温度传感器；控制器损坏则更换控制器；（2）如果线路中的连接断路或接插不良就更换导线和重新接插好；如果温度传感器破损则更换温度传感器；如果控制器故障则更换主控器
水箱溢水	壁挂炉虽正常转动，但水箱溢水	（1）自动补水阀有杂物卡住而堵不住自来水，使自来水流入采暖水而溢水；（2）板式换热器内部漏水而造成溢水；（3）采暖系统过大与膨胀水箱不配匹而溢水	（1）如有异物积附在自动补水阀的橡胶膜上造成密封差则清除异物；补水阀关闭不严则更换自动补水阀；（2）更换板式换热器；（3）在采暖管路上安装止回阀，或更换容量大的开放式水箱
压力不断升高	水压表压力不断升高，泄压阀长期滴水	（1）手动补水阀本身因故障而堵不住自来水，使自来水进入采暖系统中；（2）板式换热器内部漏水或水路集成系统内部漏水	（1）清除手动补水阀密封橡胶的异物或更换密封橡胶；（2）更换板式换热器或整个水路集成系统
采暖升温快但散热不热	壁挂炉很快就达到设定的温度，但散热器不热，环境温度升不上来	（1）采暖系统中有大量的空气没有排尽；（2）采暖系统堵塞，导致水循环缓慢；（3）有许多分配器仅打开一点，水流缓慢；（4）采暖系统太大，水泵功率不够；（5）水泵叶轮损坏；（6）控制器输出水泵电压异常；（7）水泵的功率档位调整不合理；（8）旁通阀不复位	（1）排尽系统中的空气；（2）清理采暖系统过滤器；（3）合理打开分配器；（4）增加多一台水泵，加大循环力；（5）更换水泵叶轮或者更换水泵；（6）更换控制器；（7）把水泵调整一合理的档位；（8）使旁通阀复位

二、注意事项

1. 处理沼气采暖装备故障时，首先应关闭进气阀和进水阀。

2. 处理沼气采暖装备故障时，一定要按规范操作。

3. 沼气进气接驳和排烟管道、烟道的安装必须安全、规范，做到万无一失。

4. 壁挂炉水容量小，循环动力小，要求出水回水温差不能大（最大不能超过 30℃）。这就要求系统水阻力要小，水流速要快，即使末端不热，很快连续循环热水马上过来，所以要求安装管道尽量大（6 分管以上），拐弯起落尽量少。

5. 温控均衡性必须是并联或串并联安装各个末端，每个末端能同时热也可以分别调节不同的温度，体现壁挂炉采暖自主调节，个性化温控。

思考与练习题

1. 简述沼气锅炉的构造及原理。

2. 沼气锅炉日常维护与定期维护的要点是什么？

3. 沼气锅炉故障处理的具体方法是什么？

4. 简述壁挂沼气锅炉的构造与原理。

5. 壁挂沼气锅炉的维护要点是什么？

6. 如何安全使用壁挂沼气锅炉？

7. 怎样正确处理沼气采暖装备的故障？

第四章　配套装备运行维护

本章的知识点是学习与中小型沼气工程相配套的太阳能加热装备、搅拌设备、进出料装备、后处理装备的构造、原理、安装、维护等知识，重点是能对中小型沼气工程配套装备进行正常维护。

第一节　太阳能加热设备维护

太阳能是"取之不尽，用之不竭"的可再生能源，利用太阳能加热系统给厌氧沼气池、调节池和气柜水封池加热，可以保障沼气工程高效、稳定运行，提高沼气工程的综合效益。因此，维护太阳能加热系统正常运行尤为重要。

第一单元　太阳能加热装置维护

学习目标：根据太阳能加热系统的构造和原理，完成太阳能加热装置的运行维护。

一、运行维护

太阳能加热装置是以太阳为热源，将太阳能转化为热能，通过热水将热量传递给中小型沼气工程的加热系统，为厌氧沼气池及调节池提供热量。太阳能加热装置是由太阳能集热系统、贮热水箱、辅助能源设备、防冻系统、管道及阀门等组成。太阳能加热装置的日常维护包括以下九个方面：

1. 定期清除太阳能集热器透明盖板或集热管上的尘埃、污垢、保持盖的清洁和透明度。清洗工作应在清晨或晚间日照弱气温低时进行。

2. 定期对加热装置的管路进行排污，以防管路阻塞，并保证水质清洁。巡视检查各管道的连接点是否渗漏，发现问题及时处理。

3. 检查集热器外壳的气密性、各保温部件是否有破损，保证系统的隔热性能，特别是冬季要经常检查管路的保温层是否完好，有破损要及时修复。

4. 集热器的箱体、支架、管路须经常维护，每隔一年涂一次保护漆，以防腐蚀。经常检查定温放水系统的电磁阀、水泵、补水箱的浮球阀。

5. 防止闷晒。由于系统循环停止造成闷晒，这样将会造成集热器内部温度升高，损坏涂层、爆管等现象。

6. 对于有辅助热源的热水装置，要经常检查辅助热源装置及换热器是否处在正常工作状态。

7. 平板式集热器在结冰季节到来之前，将集热器内设置自动控制线路的温度触点在 0℃ 以前即将集热器排水阀打开，排空集热器中的水。

8. 对于真空管太阳能集热器，要经常检查真空管的真空度或内玻璃管是否破碎，当真空管的钡-钛吸气剂变黑，即表明真空度下降，需更换集热管，同时还应清洗反射板。集热器的吸热涂层如有损坏或脱落应及时修复。

9. 采用防冻介质的复合回路，集热器与换热器构成第一回路，其中充满防冻介质，蓄热水箱与用水构成另一个回路，介质通过换热将热量传递给蓄水箱中的水。复合回路的热效率比单回路有所降低（降低 5%～10%）。

二、注意事项

1. 首先必须认真阅读太阳能加热装置的产品使用说明书，并根据产品使用说明书的具体要求对装置进行维护。

2. 太阳能加热装置的维护要有专业技术人员负责，定期对加热装置进行系统维护与保养。

3. 用户单位可选派技术人员到太阳能加热装置的生产企业接

受培训，学习太阳能加热装置的维修、维护及保养知识。用户技术员经过培训后，能够排除一般故障，用户技术员不能排除的故障应及时通知太阳能加热装置生产厂家派技术员解决。

三、相关知识

（一）太阳能加热装置的工作原理

太阳能加热装置是收集太阳能并将其转化为热能，通过供热管网传递到沼气工程的厌氧沼气池和调节池内安装热交换器，经过热交换最终将热量传递给发酵料液，为沼气工程的高效运行提供保障。当发酵原料温度达到设定温度上限或下限时，控制系统电磁阀自动开启，贮热水箱的热水通过热交换器加热厌氧沼气池和调节池内的发酵原料，太阳能供热系统始终保证厌氧沼气池发酵温恒定在设定的温度。太阳能加热系统加热调节池发酵原料的方式有两种，一种是直接加热，将热水直接加入预处理池，从而实现直接给发酵原料加温。另一种是热交换加热，热交换加热是在池内设置热交换器，热水通过交换器循环供热。直接加热用于干鲜粪，原料无清水，热交换加热用于原料中有清水，无需再加水。

太阳能加热装置循环系统可分为自然循环系统、强迫循环系统和直流循环系统三种，其工艺路线如图4-1所示。

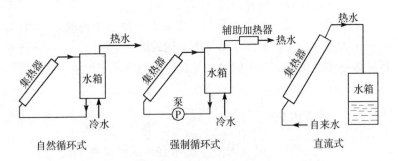

图 4-1　太阳能加热装置循环系统工艺流程图

太阳能加热装置循环系统一般采用强制循环系统、直流系统或采用直流式和强制式的混合系统，图4-2为沼气工程太阳能加热系统流程图。

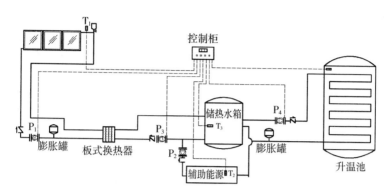

图4-2　沼气工程太阳能加热系统工艺流程图

图4-2中：T_1 为集热器的出口温度；T_2 为辅助能源控制温度；T_3 为贮热水箱内的温度；P_1 为集热循环泵；P_2 为辅助能源循环泵；P_3 为水箱换热泵；P_4 为供水循环泵。

当 $T_1 - T_3 \geq 10℃$ 时，P_1、P_3 同时开启工作，系统进行集热循环；当 $T_1 - T_3 \leq 5℃$ 时，P_1、P_3 同时停止工作，系统停止集热。

当 $T_3 \geq 35℃$ 时，P_4 开始工作，向升温池供热。

当阴雨天时，启动辅助能源及 P_2，用辅助能源加热升温池。

系统由专人负责管理、操作，正常情况下，系统 24 小时全自动运行，无人看管操作。

（二）太阳能加热装置构造

1. 集热器分类　太阳能集热器是吸收太阳能辐射并将产生的热能传递到液体共质的装置，可分为平板式集热器、真空管集热器和热管式集热器三种（图4-3）。

（1）真空管集热器是两个内外管同心圆玻璃管组成，内管外壁镀有太阳能选择性吸收涂层，外管为透明玻璃管，内外管之间抽成真空，在 $-20℃$ 气温下集热管不会冻坏，平均热损系数只有 0.9 瓦/（米$^2 \cdot ℃$），可全年使用。

（2）平板式集热器是由吸热器、盖板、保温层外壳组成，吸热器有铜管式和铜铝复合式等。平板式集热器是一个温室效应，阳光透过玻璃盖板照在表面涂层的吸热板上，使其温度升高，热量传递给集热器内部的介质，同时向四周散热，使介质升高。

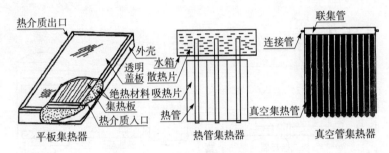

图 4-3　太阳能集热器类型

（3）热管集热器有真空管、平板式热管集热器，它的工质是防冻液。阳光照射在集热板上时，热管内介质沸腾气化，蒸汽上升到冷凝端，释放出热量并传给水箱的水中，蒸汽冷凝后，液体工质依靠重力流回蒸发段，如此循环。

2. 太阳能集热系统　太阳能集热装置是收集太阳能并将其转化为热能传递到蓄热装置，它包括太阳能集热器、集热器支架、管路、泵、换热器、蓄热装置及其附件。

3. 贮热水箱　热水箱中从上到下设有多个水位控制点，当热水箱水位低于警戒水位下限时，控制器命令辅助能源启动，将热水箱中的水加热。同时，集热器出口温度达到运行要求时，控制器命令辅助能源系统停止工作，优先启用太阳能系统产水。

4. 辅助热源系统　太阳能集热器是靠太阳辐射能转换成热能加热水，受天气的影响较大，为在阴雨天或冬季使用，需增加辅助热源。辅助加热一般为电加热，辅助电加热系统由两部分组成，一部分是电热管，是将电能转换成热能的器件，电加热的方式有两种：一种是电热管插入水箱的中下部，对电热管以上部分水进行加热；另一种是电热管与太阳能贮水箱分离开。

5. 防冻系统　使用排空和排回防冻是采用定温控制。当太阳能集热系统出口水温低于设定的防冻温度时，控制器启闭相关阀门完全排空集热系统中的水或将水排回贮水箱。采用防冻液的平板式太阳能集热器，无需其他防冻系统。

6. 自动控制系统　控制系统的功能包括对太阳能集热系统的

运行控制，太阳能集热系统防冻控制和防过热控制、集热系统和辅助热源设备的工作切换控制。

7. 热交换器 换热器的结构以盘管式（或蛇管式）的较为适合，热交换器材料可采用地热管，热交换器的面积并不是越大越好，一般稍小于太阳能系统采光面积的一半为最佳。

第二单元 太阳能加热管网维护

学习目标： 根据太阳能加热管网的构造和原理，完成太阳能加热管网运行维护。

一、运行维护

太阳能加热管网的维护应符合下列要求：

1. 加强对管网的巡检检漏 巡检检漏是一项日常工作，也是管网维护抢修的一项基础工作。若发现管道、阀门有问题，应及时处理。

2. 定期检查阀门的运行状况 阀门是管网中的主要设备，阀门的启闭可以控制管网的流量及流向，管网中的阀门要求经常处于良好状态，随时都能启闭。定期对管网中的阀门进行启动、加油、更换填料及配件的维护工作。

3. 定期对管网中的管道、阀门进行除锈防腐维护工作 根据管道、阀门的材质及腐蚀状况，采取积极有效的措施，对管网做好防腐维护工作，保证管网始终处于良好的运行状态。

4. 定期对管网进行保温防冻的维护保养工作 对管网进行保温处理，可以减少管网的热损耗，提高太阳能加热系统的热效率。定期对管网进行保温设施的维护保养，若发现保温材质老化或损坏，应及时进行保温处理，防止因管道受冻而破裂。

5. 定期打开管网排气阀进行排气 管道中若存在气体，会影响循环水的流通性，严重时会导致管网停止运行，因此必须定期打开排气阀进行排气，保证水循环系统正常运行。

6. 建立管网维护档案 维护档案的建立可大大提高管网维护

保养的效率，对于管网的每段何时需进行维护保养提供了科学的依据，同时根据档案记录，制订出中长期管网维护方案或计划。

二、注意事项

太阳能加热管网维护宜每年进行一次全面检查、检测、检修、维护及保养工作。

三、相关知识

（一）太阳能热水系统的保温

1. 连接管路　设备间内用镀锌钢管（或焊管），室外用 PP - R 管，集热器之间用铜管连接。连接管的绝热层采用镀锌铁丝、金属带、黏胶带绑扎，绑扎要牢固并使保温管形成密封整体，不应有任何缝隙和孔眼。

2. 埋地加热管道保温　埋地加热管埋设深度冻土层以下，管路保温的材料一般为聚氨酯发泡管（黄夹壳管）。管径小于或等于 50 毫米的保温层厚度不小于 30 毫米，管径小于或等于 65～150 毫米的保温层厚度不小于 35 毫米，管径大于或等于 200 毫米的保温层厚度不小于 40 毫米。

3. 其他暴露在空气中的热水管道、冻土层以上的管道保温　管路保温的材料一般为岩棉（密度为 90 千克/米^3）管壳，管径小于或等于 50 毫米的保温层厚度不小于 40 毫米，管径小于或等于 65～150 毫米的保温层厚度不小于 45 毫米，管径大于或等于 200 毫米的保温层厚度不小于 50 毫米。

（二）太阳能热水系统的排污和排气

在太阳能热水系统中，必须设置排气阀和排污阀，排污阀能及时排除系统中的污物，排气阀是及时将系统及水中的气体排除，以免影响循环系统热效率。特别是非承压水箱在取热水和补给冷水时，热水箱被抽真空，水箱壁被抽变形或整个水箱及支架产生巨大的震动声响，排气管安装在集热器每排一端的集热器热水管上部顶端，排气管口向下弯管口朝下。

第三单元　太阳能加热系统维护

学习目标：根据太阳能加热系统的构造和原理，完成太阳能加热系统运行维护。

一、系统维护

（一）集热器

1. 定期清除集热器热管内的水垢和集热器外表的灰尘。

2. 如发现集热器漏水应查明原因并及时排除故障。

3. 对于破损的太阳能真空管应及时更换，确保集热效率。

4. 入冬季节，应检查集热器的防冻情况，做好保温防冻工作。

5. 如果集热器长期不使用，可启用几次电加热功能，防止长期不用造成的故障或损坏。

（二）热交换器

1. 太阳能加热系统应每年进行一次全面检查、检测、维护和保养工作。

2. 安装在调节池和厌氧沼气池内的热交换器由于长期受到发酵原料或料液的腐蚀，因此每年要对热交换器进行一次除锈防腐的维护作业，如果加热盘管腐蚀严重，则应更换加热盘管。

（三）控制系统

1. 测量交流电源的电压和稳定度，电压必须在工作电压范围内；电压波动必须在允许范围内。

2. 检查控制柜的工作环境，测量温度、湿度、振动和粉尘等参数，这些参数必须满足控制柜运行的环境条件。

3. 检查控制柜的安装条件：安装螺钉必须上紧，连接电缆不能松动，连接螺钉不能松动，外部接线不能有外观异常。

4. 检查配件及电子元件的使用寿命，所配电池电压是否下降，电池工作寿命一般为 5 年左右；继电器输出触点工作状态，继电器寿命为 300 万次左右。

（四）水泵

1. 定时检查电机电流值，不得超过电机额定电流。

2. 泵进行长期运行后，由于机械磨损，使机组噪声及震动大时，应停车检查，必要时可更换易损零件及轴承，水泵大维修一般为一年。

3. 机械密封润滑应清洁无固体颗粒。严禁机械密封干磨情况下工作。

4. 初次启动前应盘动泵几圈，以免突然启动造成石墨断裂损坏。密封泄漏量允许误差为 3 滴/分，否则应检查。

5. 定期更换水泵的填料。

二、注意事项

全自动温度控制柜是太阳能加热系统的关键设备，因此要做好控制柜的维护和养护工作。在日常维护中，应注意以下六点：

1. 将控制柜安装在适宜的通风环境中，避免阳光直射，远离热源、热风口等。

2. 严禁在超过本控制柜使用范围使用，否则将发生不可预测的后果。

3. 严禁雨淋、潮湿、大量粉尘、机械震动、撞击及强电磁辐射等。

4. 控制柜为室内使用型，严禁在室外使用。

5. 保持控制柜的清洁。

6. 长期不使用时，应断开控制柜电源。

三、相关知识

（一）太阳能集热器和供热系统的选择

一般中小型沼气工程的厌氧沼气池的容积在 $50\sim300$ 米^3，调节的温度为 $10\sim30℃$，温差 $20℃$，按 300 米^3 的沼气工程，平板集热器（40%热效率），需 60 米^2 的采光面积的集热器。

中小型沼气工程的增温要求高，太阳能集热器的设备较大，系统的控制程度较高，因此在选择时根据沼气生产区的场地大小、负荷特点、管理条件等因素，因地制宜地选择。平板铜管太阳能集热器热效率高，在同等热负荷系统下，采光面积相对较小，适合中小型沼气工程太阳能增温加热系统。

（二）太阳能系统安装位置的选择

太阳能集热器一般安装于建筑物屋面，要求正南朝阳，集热器的东、南、西方向没有挡光的建筑物和树木。为了减少散热量，整个系统尽量放在避风口，为保证系统的总效率，集热器直接安装在调节池保温室的房顶上或其他用热水的场所，尽量避免分的太散。集热器安装和建筑物尽量一体化建设，以减少室外管路的裸露部分，缩短管路，降低安装的成本，提高系统的热效率。

根据该系统实际情况，储热水箱安装在设备间内。设备间要求有保温条件，以防设备的冻损。太阳能系统辅助设备（储热水箱、补水箱、水泵、电加热、控制器等）均安装在设备间内，设备间应有给水、排水及用电条件。

（三）太阳能集热器采光面积的确定

集热器采光面积应根据热水负荷水量和水温、集热器和热水系统的热效率，以及使用期间的气象条件来确定。

国家标准按《民用建筑太阳能热水系统应用技术规范》（GB/T 50364—2005）系统集热器采光面积的理论计算：

$$A_c = \frac{Q_w \cdot C_w (t_{end} - t_i) f}{J_T \cdot \eta_{cd} (1 - \eta_L)} \qquad (4-1)$$

式中：A_c——直接系统集热器采光面积（米^2）；

Q_w——日均用水量；

C_w——水的比定压热容选用 4.2 千焦/（千克·℃）；

t_{end}——储水箱内水的设计温度；

t_i——水的初始温度；

f——太阳能保证率（%），一般经验选取 60%；

J_T——按集热器采光面上年平均日太阳辐照量 16 583 千焦/米^2；

η_{cd}——集热器的年平均集热效率 40%；

η_L——储水箱和管道的热损失率，根据经验取值宜为 20%。

例：某牛场的沼气工程规模 300 米³，设计发酵温度 25℃，发酵浓度 6%，发酵直溜期 30 天，牛粪的总固体含量 17%，每天进出料 10 米³，设计调节池的容积为 10 米³（每天进出料 10 米³），每天需要发酵原料 10 米³（其中鲜粪 4 米³，水 6 米³，牛粪的总固体含量 17%）。设计发酵原料的最低温度为 10℃，水的比热 4.2 千焦/千克·℃。计算太阳能集热器采光面积、贮热水箱的容积和补水箱容积（计算中假定管路、水箱无热损失，原料和水的比热近似相等，原料体积和重量比近似相等）。

1. 计算太阳能系统产热水的温度

根据热平衡：系统吸热量等于系统放热量

则：

$$Q_{吸热} = Q_{放热}$$

即：每日所需发酵原料量×（沼气工程发酵温度－发酵原料的最低温度）℃×水比热容＝热水量×（太阳能产热水温度－发酵原料的最低温度）℃×水比热容＋鲜粪量×发酵原料的最低温度×水比热容

将上述条件带入上式，经计算：热水温度＝38℃

选取太阳能系统产热水的温度为 40℃，日用热水量 6 吨。

2. 计算太阳能系统的集热器面积 将上述数据代入（4-1）计算：

$$A_c = \frac{6\,000 \times 4.2 \times (40-10) \times 60\%}{16\,583 \times 40\% \times (1-20\%)} = 54 \ (米^2)$$

该工程可设计选用集热器面积为 60 米²。

假如每块太阳能集热器的采光面积为 2 米²，即需要 30 块集热器。（平板式太阳能集热器的总面积为完整太阳集热器的最大投影面积。真空管太阳能热水器的总面积包括联集管、尾架和边框在内的整个真空管太阳集热器的最大投影面积）。

3. 计算贮热水箱容积的确定 贮热水箱的容积近似为每日用热水量的 2/3。

$$V_{水箱} = 2/3 V_{热水} \qquad (4-2)$$

式中：$V_{热水}$——每日向调节池加的热水量。

$$V_{水箱}=2/3\times6\ 吨=4\ 吨$$

该工程可设计选用贮热水箱容积为 4 吨。

4. 太阳能补水箱容积的确定

补水箱容水量＝储备冷水量＋全部集热板容水量＋太阳能上水
管容量＋储水箱溢流量

储备冷水量：供太阳能集热器和辅助能源所用的冷水量，一般
可按（2 千克/米² 集热面积）计算，太阳能上水管容量：太阳能系
统上水管中全部水容量大约 60 千克；平板集热器容水量：此部分
也应倒流回至补水箱中，其数值为 1.2 千克/米²；储水箱溢流水
量：当储水箱充满水时，将有少量水溢出，输入补水箱中，其数值
按 30 千克计算；由计算可得，补水箱的容积选择为 300 升。

（四）集热器的安装倾角

集热器全年使用时，S＝当地纬度 φ；集热器夏季使用时，
S＝当地纬度 φ－10°；集热器冬季使用时，S＝当地纬度 φ+10°。
所以，S＝当地纬度 φ－δ（δ 为集热器运行期间的平均赤纬度）。
按照上述公式倾角一般为 30°或 50°。倾角变大后，夏季集热器的
效率有所下降（夏季太阳高度角大，要获得较多的能量，倾角要
小）。相反，倾角变大后，春（秋）季热效率有所增加〔春（秋）
季太阳高度角小，要获得较多的能量，倾角要大〕。所以，热效
率随着季节的变化而变化，但实践证明整个使用期间水温确比较
平稳，作为沼气工程的加热水温主要是冬季需要高温。因此，大
型沼气工程的太阳能加热系统的集热器的安装倾角一般为 S＝当地
纬度 φ+10°。

（五）集热器前、后排间不挡光的最小距离

集热器前后排之间的距离，以前排不遮挡后排阳光为准。一般净
距离应在 1 500 毫米以上。集热器之间的间隔以 20 毫米为宜，便于管
理与维修，水箱置于集热器后侧，以不产生遮阳光为准（表 4-1）。

（六）集热器的连接方式

在沼气工程太阳能加热系统中，集热器连接方式通常有三种
（图 4-4）。

表 4-1　各季节使用集热器前后排最小距离

时间		高度角 α	方位角 γ	影长 d	距离 S
冬至日 δ＝－23.5°		53°0′	53°	10.4H	6.2H
	8：00（16：00） 9：00（15：00）	13°50′	41°50′	4.1H	3.1H
	10：00（14：00）	20°41′	29°20′	2.7H	2.4H
全年使用	11：00（13：00） 12.00	26°30′	15°10′	2.1H	2.0H
		26°30′	0°	2.0H	2.0H
春分日 δ＝0°	8：00（16：00）	22.5°	69.6°	2.4H	0.84H
秋分日 δ＝0°	9：00（15：00）	32.8°	57.3°	1.6H	0.84H
春分→	10：00（14：00）	41.3°	41.7°	1.1H	0.84H
夏至→ 秋分间使用	11：00（13：00）	47.7°	22.6°	0.9H	0.84H
	12.00	50°	0°	0.84H	0.84H

注：H 为建筑物高度（或集热器安装高度）。

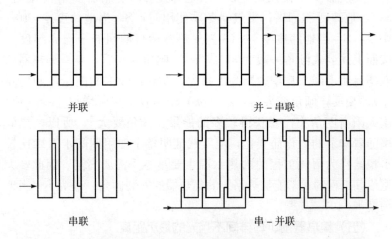

并联　　　　　　　　　　　　并-串联

串联　　　　　　　　　　　　串-并联

图 4-4　太阳能加热系统集热器连接方式

1. 串联　一集热器的出口与另一集热器的入口相连。

2. 并联　一集热器的出口、入口分别与另一集热器的出入口相连。

3. 混联（包括并-串联和串-并联）　若干集热器间并联，各并联集热器之间再串联或若干集热器间串联，各串联集热器间再并联或称并串联和串并联。自然循环式热水系统因热虹吸压头较小，故一般采用阻力较小的并联方式。为防止流量分配不均匀。一组并联集热器一般不超过 30 米^2（一对上、下循环管相连的集热器群）。强制循环式因水压较大，可根据场地的安装条件和系统的布置同时采用串并连的方式。大、中型沼气太阳能热水工程一般为强制循环系统。

第二节　搅拌设备维护

静态发酵不利于沼气生产，因此利于潜水搅拌机（又称潜水推进器）对料液进行搅拌，可实现持续动态发酵的目的，提高产气率。对搅拌设备进行日常维护能发挥搅拌设备的最大功效，并为沼气工程的长效、高效运行创造有利条件。

第一单元　潜水搅拌机维护

学习目标：根据潜水搅拌机的构造和原理，完成潜水搅拌机的运行维护。

一、运行维护

1. 定期将搅拌机吊起清理叶轮和泵体上的缠绕物，检查叶轮是否松动损坏，及时维修。

2. 搅拌机运行时观察液面的运行轨迹，如果非正常及时调整。

3. 观察搅拌机的固定装置的振动状况，振动过大需吊起检查。

4. 搅拌机正常运行必须全部没过液面，运行时搅拌机上方应无涡流。

5. "过载指示"灯亮时，必须停机检查，排除机械故障后再在配电室将抽屉开关内的热保护继电器复位，开关合闸后重新开始运行。

6. "高温指示、泄漏指示"灯亮时，必须停机检查并排除机械故障，按下"故障复位"按钮，"高温指示"、"泄漏指示"灯熄灭，合闸后搅拌机重新运行。

7. 换油：一般每半年需要更换一次润滑油，换油时，小心拧开油塞，放进其内存油，注意油塞内可能会有剩余的内压，以防油的喷射。

8. 更换轴承润滑脂，一般大修时更换一次，润滑脂量为轴承腔间隙 $1/3 \sim 1/2$。

9. 带电检查潜水搅拌机的转动方向，严禁反方向旋转，以免造成潜水搅拌机的叶轮脱落，并损坏搅拌机。在潜水搅拌机初次启动或每次重新安装后都应检查旋转方向。

10. 定期检查设备的密封状况，密封不良及时联系厂家检修。

二、注意事项

1. 潜水搅拌机必须完全潜入料液中工作，不能在易燃易爆的环境下或有强腐蚀性液体的环境中工作。

2. 安全预防措施：开始进行设备维护前，务必保证潜水搅拌机与电源切断并且无法被意外启动；保证潜水搅拌机或其部件的稳定性，确保其不会滚动或倒下，以免造成人员伤害或物品的损坏。

三、相关知识

（一）潜水搅拌机构造

潜水搅拌机是由潜水电机、叶轮和安装系统等组成。按潜水电机的转速可分为高速潜水搅拌机、中速潜水搅拌机和低速潜水推流器三种，以 QJB 型和 GSD 型潜水搅拌机为例，说明潜水搅拌机的基本构造（图 4-5）。为保证潜水搅拌机取得最佳运行效果，选型时应注意以下事项：一是运用目的；二是池型及尺寸，包括池深；三是搅拌介质的特性，包括黏度、密度、温度及固体物含量等。

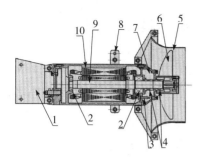

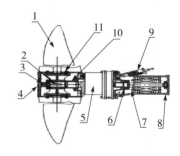

QJB 型潜水搅拌机构造　　　　GSD 型潜水搅拌机构造

1. 导轨　2. 轴承　3. 漏水探头　　　1. 叶浆　2. 输出轴　3. 端盖　4. 螺栓

4. 机械密封　5. 导流罩　6. 叶轮　　5. 减速装置　6. 轴承　7. 定子轴　8. 机壳

7. 油室　8. 吊钩　9. 轴　10. 电机　　9. 电缆密封组件　10. 机械密封　11. 轮毂

图 4-5　潜水搅拌机构造图

（二）潜水搅拌机工作原理

潜水搅拌机（图 4-6）经驱动旋转的叶轮，搅动液体产生旋向射流和轴向推流在旋向射流和轴向推流共同混合搅拌和推流作用下，形成体积流，应用大体积的流动模式获得必要的液体流速和需要的工艺流场。将潜水搅拌机安装在调节池内，可实现对发酵原料的充分搅拌、混合、调配，从而为进料泵正常运行提供了必要的条件。利用搅拌机对发酵料液进行搅拌混合，可达到动态发酵目的，满足沼气发酵的基本条件。

MA/LFP 潜水搅拌机　　　　　　QJB 型潜水搅拌机

图 4-6　潜水搅拌机

第二单元　潜水搅拌机轨道维护

学习目标：根据潜水搅拌机轨道的构造和原理，完成潜水搅拌机轨道的运行维护。

一、运行维护

1. 定期清除搅拌机轨道上的缠绕物及杂物，始终保持潜水搅拌机升降自如。

2. 经常检查搅拌机轨道固定状况，发现轨道松动应及时维修。

3. 每年宜对轨道进行一次大检修，并根据轨道的腐蚀程度，确定是否更换。

4. 建立轨道维护保养档案，制订轨道中、长期维护、维修计划。

二、注意事项

1. 在对潜水搅拌机轨道进行维护时，首先应切断潜水搅拌机的电源并确保潜水搅拌机无法被意外启动。

2. 在轨道维护作业时，应采取积极的安全措施，防止意外事故发生。

3. 轨道维护人员必须事先经过严格的专业技术培训，在对潜水搅拌机维护之前要认真阅读产品使用及产品安装说明书。

三、相关知识

（一）潜水搅拌机的安装

1. 安装准备

（1）安装前认真阅读潜水搅拌机产品使用及产品安装说明书，根据搅拌机的工况条件选定安装系统。

（2）应检查设备的接地链接是否可靠，并检查接地电阻。

（3）检查叶轮的转向是否正确，若反向旋转应予以调整。

2. 安装方法

（1）**手提式潜水搅拌机安装**　手提式（图4-7）只适用料液的液面深度<4米，QJB1.5混合型以下的机型，并可在水平方向做转向调节，垂直方向做上下调节。

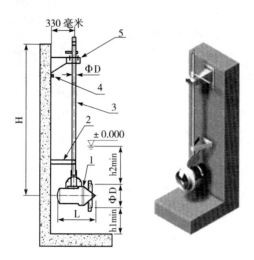

图4-7　手提式潜水搅拌机安装示意图
1. 潜水搅拌机　2. 支撑架　3. 转向杆
4. 膨胀螺栓　5. 转向支架

（2）**连体转动式潜水搅拌机安装**　连体转动式（图4-8）适用于料液的液面深度≥4米，QJB4.0混合型以下的机型，导杆可沿水平方向绕导杆轴（Z-Z轴）线旋转，每15°一分隔，最大转角为±60°。

（3）**分体转动式潜水搅拌机安装**　分体转动式（图4-9）适用于料液的液面深度≥4米，QJB4.0混合型以上的机型，导杆可沿水平方向绕导杆轴（Z-Z轴）线旋转，最大转角为±60°。

3. 安装细则

（1）支撑架和下托架与池壁、池底均用钢膨胀螺栓固定，无需预留孔，推荐设预埋件。

（2）根据池深及池型，确定导杆尺寸和支撑架数量。

（3）安装系统材质采用不锈钢和碳钢防腐。

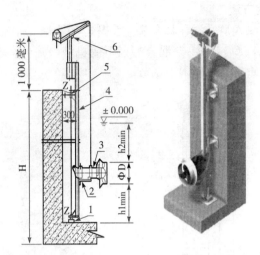

图 4-8　连体转动式潜水搅拌机安装示意图

1. 下托架　2. 限位架　3. 潜水搅拌机

4. 导杆　5. 支撑架　6. 起吊系统

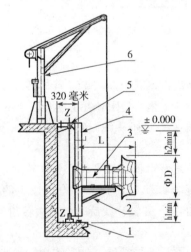

图 4-9　分体转动式潜水搅拌机安装示意图

1. 下托架　2. 限位架　3. 潜水搅拌机

4. 导杆　5. 支撑架　6. 起吊系统

（4）当 H（池深）＞5 米，应在安装系统（连体转动式和分体转动式）导杆中间添加一支撑架。

（5）多台搅拌机可共用一套移动起吊系统。

4. 注意事项

（1）遵守所有健康与安全规则和操作现场规则及惯例。

（2）为了避免事故，必须在施工现场放置醒目警示标志，设备附近区域应予隔开。

（3）电缆线必须要穿好并固定，电缆线末端应避免受潮，严禁将电缆线作为起吊链使用或用力拖拉，严格按照相关规程，避免触电危险。

（4）潜水搅拌机的最小潜入深度不得太浅，否则会损坏主机，最大潜水深度不得超过 20 米。

（二）搅拌机安装结果检查

1. 检查叶轮旋转方向　逆时针为正确旋转方向，若旋转方向不对，将两条相线交换。

2. 检查安装结果　整机安装完毕后，为确保安装质量，应进行 2～3 次搅拌机的上下起吊试验（严禁通电）保证主机上下灵活，定位准确，无卡死现象。同时，检查底板与支撑架定位是否牢固。清理池中的建筑垃圾后方可进料。

第三单元　潜水搅拌机控制器维护

学习目标：根据潜水搅拌机控制器的构造和原理，完成控制器的运行维护。

自动空气断路器又称空气开关，能手动或电动合闸，具备短路、过载、欠压等保护功能。当电路发生严重的过载、短路及欠压等故障时，能够自动切断故障电路，有效地保护配电线路和电气设备安全，而切断过后一般不需要更换零部件等。在中小型沼气工程中利用空气开关对潜水搅拌机的电机进行控制，可实现使潜水搅拌机正常启动或停运，同时可有效地保护搅拌机和输电线路。另外，还可以利用微电脑时控开关对搅拌机的电机实行控制，但微电脑时空开关不具备保护功能。由于空气开关的种类繁多，并根据中小型沼气工程选用电器设备的基本要求是电器设备应具有防爆功能。因此，仅以 BDZ5 型防爆自动空气开关为例，说明空气开关的基本组成、工作原理、技术参数、开关选型及维护细则。

一、运行维护

（一）日常维护

1. 检查测试后再使用　新开关应打开盒盖，检查固定螺钉是否牢固，灭弧罩是否完好，触点接触是否良好，脱扣机构是否可靠，绝缘壳是否完整。接线时，电源线应与接线端子面接触良好牢固。

2. 建立每日巡检制度　检查开关的有关部位是否过热变色，可以发现问题：

（1）接点过热　由于震动或材料原因造成电源线与接线端子压接螺钉松动，应紧固螺钉。

（2）开关有本身过热　可能是负载容量超过开关容量，超载使用造成的，应更换开关。

（3）触点过热　由于触点接触面小或触点松动造成的。开关运行中发生过热现象，应及时处理，避免发生断电事故。

3. 开关故障跳闸处理　当发现开关因故障跳闸时，应立即停机检修，查明故障原因，在排除故障后方可重新合闸。

4. 操作机构的维护　开关在操作过程中，经常会出现合不上或断不开的毛病，遇到这种情况时，可检查操作机构各部件有无卡涩、磨损，持勾和弹簧有无损坏，各部件分间隙是否符合规定的数值。

5. 清污检修启动　开关要由专业技术人员负责，确保开关各部件清洁，应保持控制室与各工序的联系畅通。检修时应挂检修牌明示，每次检修之后，应做几次传动试验，观察是否正常。

（二）定期维护

1. 触点的检修　空气开关的故障主要发生在触点上，由于电源供电量是通过触点开关实现的，开关时会产生电弧，造成触点氧

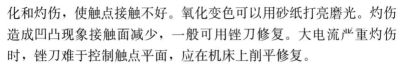

化和灼伤，使触点接触不好。氧化变色可以用砂纸打亮磨光。灼伤造成凹凸现象接触面减少，一般可用锉刀修复。大电流严重灼伤时，锉刀难于控制触点平面，应在机床上削平修复。

2. 更换灭弧介质　一般自动空气开关的灭弧介质为空气，而防爆自动空气开关的灭弧介质一般为油。为了确保防爆自动空气开关安全运行，因此要定期更换灭弧介质（油）。

二、注意事项

1. 不得随意拆卸开关，维修时先断开电源才能开盖维修，维修时不得损坏元件。维修后应将盖合好用螺栓紧固后才能使用。

2. 开关周围空气温度上限值不超过＋40℃，下限值不低于－20℃，且 24 小时内的平均值不超过＋35℃。

3. 开关使用地点的海拔不超过 2 000 米。

4. 开关使用地点最湿月的平均最大相对湿度不超过 95％，同时该月平均温度不低于＋25℃。

三、相关知识

（一）防爆自动空气开关基本结构

BDZ5 型防爆自动空气开关（图 4 - 10、图 4 - 11）主要是由触点、灭弧系统、操作机构和保护装置主要四部分组成，操作机构又有脱扣机构、复位机构和锁扣机构。

图 4 - 10　BDZ5 型防爆自动空气开关

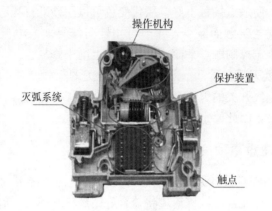

图 4 - 11　BDZ5 型防爆自动空气开关结构图

（二）防爆自动空气开关工作原理

自动空气开关的主触点是靠手动操作或电动合闸的。主触点闭合后，自由脱扣机构将主触点锁在合闸位置上（图 4 - 12、图 4 - 14）。过电流脱扣器的线圈和热脱扣器的热元件与主电路串联，欠电压脱扣器的线圈和电源并联。

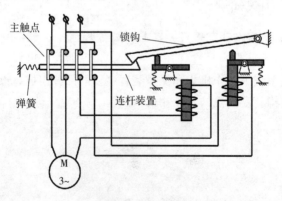

图 4 - 12　开关合闸位置示意图（短路或过载）

1. 当电路发生短路或严重过载时，过电流脱扣器将吸合而顶开锁钩，将主触头断开（图 4 - 13），从而起到短路保护作用。

2. 当电压严重下降或断电时，衔铁就被释放而使主触头断开（图 4 - 15），实现欠压保护作用。

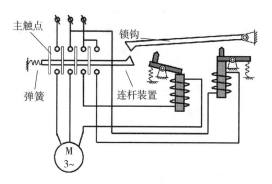

图 4-13　开关断开位置示意图（短路或过载）

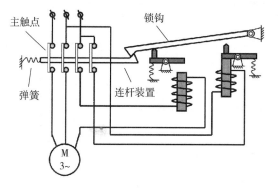

图 4-14　开关合闸位置示意（欠压或断路）

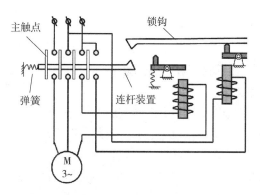

图 4-15　开关断开位置示意图（欠压或断路）

（三）防爆自动空气开关技术参数

BDZ5 防爆自动空气开关是按《爆炸性环境用防爆电气设备通用要求》（GB 3836.1—2000）、《爆炸性环境用防爆电气设备隔爆型电气设备"d"》（GB 3836.2—2000）设计和制造。防爆开关主要用于 1 区和 2 区中含有爆炸性混合物为 Ⅱ 类 B 级 T4 级及以下的爆炸性危险场所，作为交流电 50 赫兹、额定电压至 380 伏特、额定电流至 100 安培电路的不频繁接通与分断之用，且具有过载、短路、欠压及漏电等保护。

BDZ5 型防爆自动空气开关主要技术参数见表 4-2 及表 4-3。

表 4-2　BDZ5 型防爆自动空气开关额定值

型号	额定电压 （伏特）	额定电流 （安培）	额定短路分断能力 （有效值，安培）	COSΦ
BDZ5-5		5		
BDZ5-10		10		
BDZ5-15		15		
BDZ5-20		20	6 000	0.65～0.70
BDZ5-25	380	25		
BDZ5-32		32		
BDZ5-40		40		
BDZ5-50		50	4 000	
BDZ5-60		60		0.75～0.8
BDZ5-100		100	10 000	

（四）防爆自动空气开关选型

BDZ5 型防爆自动空气开关的选择原则：

1. 自动空气开关的额定工作电压≥线路额定电压。

2. 自动空气开关的额定电流≥线路计数负载电流。

3. 热脱扣器的整定电流＝所控制负载的额定电流。

4. 电磁脱扣器的瞬时脱扣整定电流≥负载电路正常工作时的峰值电流。

5. 自动空气开关欠电压脱扣器的额定电压＝线路额定电压。

表 4-3　BDZ5 型防爆自动空气开关主要技术参数

产品型号	BDZ5-20	BDZ5-50
额定绝缘电压(U_eV,伏特)	交流电380	交流电380
壳架等级额定电流(I_nmA,毫安)	20	50
额定电流(I_nA,安培)	0.15、0.2、0.3、0.4、0.5、0.65、1、1.5、2、3、4.5、6.5、10、15、20	10、15、20、25、30、40、50
短路分断能力(I_{cu}A,安培)	1500	2500
寿命(次)　通电	1500	1500
寿命(次)　不通电	8500	8500
寿命(次)　总计	10000	10000
每小时操作次数	120	120
级数	2、3	3

保护特性——配电用：

I/I_n	1.05	1.3	3.0	10	1.05	1.3	3.0	10
整定时间	1小时内不脱扣	1小时内不脱扣	可返回时间>1秒	<0.2秒	1小时内不脱扣	1小时内不脱扣	可返回时间>1秒	<0.2秒

保护特性——保护电动机用：

I/I_n	1.05	1.2	1.5	7.2	12	1.05	1.2	1.5	7.2	12
整定时间	2小时内不脱扣	2小时内不脱扣	可返回时间>1秒		<0.2秒	2小时内不脱扣	2小时内不脱扣	可返回时间>1秒		<0.2秒

6. 配电线路中的上、下级控制器的保护特性应协调配合,下级的保护特性应位于上级保护特性的下方且不相交。

7. 控制器的长延时脱扣电流应小于导线允许的持续电流。

第三节　进出料装备维护

利用物料粉碎机(主要选用秸秆粉碎机)对稻草秸、玉米秸、玉米芯、麦秸、花生秧、花生壳、地瓜秧、青草等进行粉碎、揉搓后作为沼气发酵原料,可补充农村沼气发酵原料不足,解决因农村养殖户养殖量下降导致沼气发酵原料缺乏的问题。对物料粉碎机进行日常维护与保养是保证沼气工程安全、长效的基础。粪草分离机能分离去除畜禽粪便中较长的秸秆及杂草，满足沼气发酵原料设计工艺路线要求。

第一单元　物料粉碎机维护

学习目标： 根据物料粉碎机的构造和工作原理，完成物料粉碎机的运行维护。

一、运行维护

1. 每天工作结束，应让主机空转一段时间，吹净机内的灰尘和杂草，然后切断动力，再清除机具内部及外部的碎草和灰尘，以防锈蚀。

2. 经常给油嘴处注加优质黄油，以保护轴承正常运转，延长轴承的使用寿命；主轴轴承每年清洗并加注一次锂基润滑脂。

3. 粉碎机作业 300 小时后，须清洗轴承，更换机油；装机油时，以满轴承座空隙的 1/3 为好，最多不得超过 1/2。长时间停机时，应卸下传动带。

4. 定期检查粉碎机定动刀片固定状况，锁紧定动刀片的螺栓必须紧固，不得松动；定期检查定动刀片咬合的间隙是否合适，必须达到平行咬合（间隙 2~3 毫米）。

5. 定期检查螺栓、螺母是否紧固，尤其是新机器第一次作业后，如有松动，立即拧紧，特别要注意每班检查动、定刀的紧固螺栓。

6. 定期检查动、定刀的锋利程度，钝后要及时更换或刃磨，刃磨时动刀应磨斜面，定刀应磨上面；动刀如有损坏，必须全部更换，不允许新旧搭配使用；动刀安装时必须按照出厂方式对称安装，动、定刀片的紧固件不得用普通紧固件代替。

7. 更换锤片时，应严格按照锤片的排列顺序安装，且相对应两组的锤片重量之差不大于 5 克，否则将产生震动，加速各部件的磨损。

8. 用水冲刷机器上的泥垢，但要特别注意不能直接向轴承部件喷射，如必要可以使用脱脂剂，但不得用酸性或碱性的清洗剂。

9. 定期检查皮带的松紧度，过松或过紧都会使电机和机器发热，减少皮带寿命。

10. 粉碎机必须停放在干燥通风的库房内，防止日晒雨淋。

二、注意事项

（一）安全使用

1. 工作时操作者要站在侧面，以防硬物从进料口弹出伤人。

2. 严禁将手伸入喂料口和用力送料，严禁用木棍等帮助送料，以防伤人损机。

3. 未满18周岁和老年人、头脑不清者不得开机操作；留长发的女同志操作时必须戴工作帽；操作者不得酒后作业。

4. 操作时不得随意提高主轴转速，以防高速悬转时损机伤人，造成不必要损失。

5. 物料粉碎机工作过程中，操作者不得离开工作岗位，急需离开时必须停机断电。

（二）安全管理

1. 建立、健全物料粉碎机维修、维护及养护档案。

2. 在正式工作前，物料粉碎机的风机装置一定要经过动平衡实验。

3. 对粉碎机的维护要由责任心强、技术过硬并经过专业培训的技术员来承担。

4. 对粉碎机进行维护之后，必须经过反复的启动、运行，确认物料粉碎机一切运行正常之后方可投入生产作业。

5. 工作中发现秸秆粉碎机运转不正常或有异声，应立即停机切断电源，待机器完全停稳后再打开机盖检查，严禁机器转动时检查，查明原因、排除故障后再工作。

三、相关知识

（一）物料粉碎机的构造

按照粉碎机转子轴的布置位置可分为卧式和立式，通常锤片式粉碎机（图4-16）是卧式，主机由喂入机构、铡切机构、抛送机构、传动机构、行走机构、防护装置和机架等部分组成。按照物料进入粉碎室的方向，锤片粉碎机可以分为切向喂入式、轴向喂入式和径向喂入式三种（图4-17）。

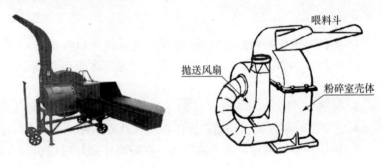

图4-16 锤片式物料粉碎机

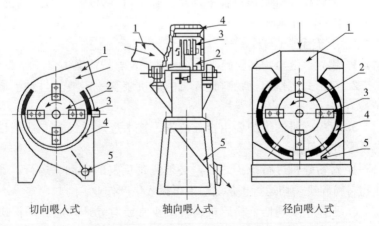

图4-17 锤片式物料粉碎机结构示意图
1.进料口 2.转子 3.锤片 4.筛片 5.出料口

1. 切向喂入式 物料从粉碎室切向方向喂入，其通用性较好，既粉碎稻草秸、玉米秸、麦秸，也可粉碎花生秧、花生壳、地瓜秧、青草茎秆等。

2. 轴向喂入式 物料从主轴方向进入粉碎室，其适于粉碎玉米芯、花生壳，但在喂入口安装切片后，又可粉碎农作物秸秆等。

3. 经向喂入式 物料从转子顶部进入粉碎室，转子可正反转使用，可少更换两次锤片，其主要适用于粉碎农作物的结壳等。

（二）物料粉碎机的工作原理

由于粉碎机的种类较多，仅以锤片式粉碎机为例，说明其工作原理。锤片式粉碎机工作时，被加工的物料从盛料滑板进入粉碎室内，受到高速旋转的锤片的反复冲击、摩擦和在齿板上的碰撞，从而被逐步粉碎至需要的粒度通过筛孔漏下，并在离心力和气流作用下，穿过底部出料口排出。

（三）物料粉碎机的安装

1. 粉碎机应安装在水平的混凝土基础上，用地脚螺栓固定。

2. 安装时应注意主机体与水平的垂直。

3. 安装时还应注意运送物料的皮带输送机应对准进料口和出料口。

4. 安装后检查各部位螺栓有无松动及主机仓门是否紧固，如有请进行紧固。

5. 按粉碎机的动力配置电源线和控制开关。

6. 检查完毕，进行空负荷试车，试车正常即可投入正常运行。

第二单元　粪草分离机维护

学习目标：根据粪草分离机的构造和工作原理，完成粪草分离机的运行维护。

一、运行维护

1. 每天工作完毕，应对粪草分离机彻底清洗；长期不使用应将污水和废渣彻底清理干净，使停用设备得到保护。

2. 按要求定期保养，给油嘴处添加优质黄油，使轴承正常运转，减小轴承的磨损；每年对主轴承要进行一次清洗并加注锂基润滑脂，保证设备良好运行。

3. 定期检查粪草分离机的动力系统并对电机进行维护和保养，给电机轴承加注润滑脂，确保电机良好运行。

4. 定期检查螺栓、螺母的牢固程度，若有松动，立即拧紧。

5. 定期检查机器的防护设施，所有人员不得靠近设备旋转部位，防止人的身体部分被旋转部件所伤害。

6. 粪草分离机运行时出现异常现象应立即停机，检明原因并运行检修后，方可启用。

二、注意事项

1. 对粪草分离机要实行专人管理、专人维护，闲杂人员不得接近粪草分离机。

2. 对沼气生产区要实行封闭管理，防止不安全事故发生。

3. 要定期对沼气生产、维护、维修及管理人员进行安全教育，牢固树立安全第一的思想。

三、相关知识

（一）粪草分离机的构造

粪草分离机由电动机、减速器、传动系统、螺旋推进器、带孔的粪草分离底座、调浆水管等构成（图4-18）。

图4-18　粪草分离机构造

（二）粪草分离机工作原理

畜禽粪便经人工或机械运送到进料口，粪草分离机的电机运转带动中轴使旋转部件绕轴转动同时旋转部件形成螺旋状，较长的秸秆及杂草在粪草分离机旋转部件的作用下被逐渐输送到物料出口，最终实现粪、草分离的目的（图4-19）。

图4-19　粪草分离机工作示意图

（三）粪草分离机安全使用

1. 必须对操作工、维修工及管理员加强安全技术教育，防止不安全事故发生。

2. 对操作工要由责任心强、技术过硬并经过专业培训的人员来承担。

3. 严禁用铁锹或木棍等帮助送料，以防伤人损机。

4. 严禁未成年人、退休人员及头脑不清者开机操作，禁止操作工酒后上岗。

5. 操作工不得擅自离开工作岗位，如需离开时必须停机断电。

6. 作业时任何闲杂人员不得入内，避免发生意外事故。

第四节　后处理装备维护

人工湿地、氧化塘是一种利用天然净化能力对城镇、农村、养殖场及沼气工程的污水进行处理的生物处理设施。其净化过程与自然水体的自净过程相似，通过水生植物种植和水产养殖在塘中形成人工生态系统，由细菌、真菌、藻类、其他水生植物、浮游动物、鱼蟹、鸭鹅等组成，形成相对复杂的食物链和网，最终实现了处理污水、达标排放污水的目的。

第一单元　氧化塘维护

学习目标：根据氧化塘原理和工艺流程，完成氧化塘的运行维护。

一、运行维护

1. 经常对池塘进行巡查，确保池塘无遮蔽、光照充分、通风条件良好。

2. 检查池塘坝堤是否有渗漏现象，若有问题应及时处理。

3. 废水进入氧化塘之前必须进行彻底的预处理。

4. 定期检查进水中的有机负荷、酸碱度、重金属和有毒有害物质的浓度，使各种被检参数满足设计工艺要求。

5. 定期清除池塘底部淤积的过多污泥。

6. 定期对曝气风机、曝气器进行维护及保养。

7. 定期对氧化塘内的各种阀门进行维护与保养。

二、注意事项

1. 加强对氧化塘的安全管理，在氧化塘四周要设置防护栏。

2. 在氧化塘的醒目位置要设置安全警示标语、标记，防止不安全事故发生。

3. 严禁在氧化塘内游泳或戏水。

4. 对氧化塘的周围进行绿化时应保证池塘通风、透光、无遮蔽，充分发挥氧化塘净化水质的功效。

三、相关知识

（一）氧化塘污水处理机理

氧化塘（图4-20）是一种利用天然净化能力对污水进行处理的构筑物的总称。通常是将土地进行适当的人工修整，建成池塘，并设置围堤和防渗层。氧化塘多用于城镇、农村及畜禽养殖场等小型污水处理，可用作一级处理、二级处理，也可用作三级处理。按塘内的微生物类型、供氧方式和功能等可分为好氧塘、兼氧塘、厌氧塘、曝气塘、深水处理塘及水生植物塘、生态塘、完全储存塘。

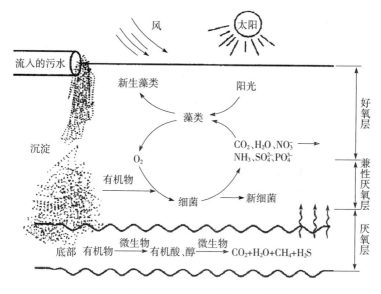

图4-20　氧化塘污水处理机理示意图

氧化塘是以太阳能为初始能量，通过在塘中种植水生植物，进行水产和水禽养殖，形成人工生态系统，在太阳能（日光辐射提供能量）作为初始能量的推动下，通过氧化塘中多条食物链的物质迁移、转化和能量的逐级传递、转化，将进入塘中污水的有机污染物进行降解和转化，最后不仅去除了污染物，而且以水生植物和水产、水禽的形式作为资源回收，净化的污水也可作为再生资源予以回收再用，使污水处理与利用结合起来，实现污水处理资源化。

（二）氧化塘系统工艺流程

氧化塘处理系统（图 4-21）一般由预处理系统、氧化塘和后处理设施三部分组成。为防止氧化塘内污泥淤积，污水进入稳定塘前应先去除水中的悬浮物质。常用设备为格栅、普通沉砂池、沉淀池、塘前提升泵站等。将氧化塘处理污水技术应用于中小型沼气工程中，可提高沼气工程的综合效益，图 4-22 为达标排放养猪模式生产工艺流程图。选择氧化塘系统工艺路线要因地制宜，应结合建设规划统一考虑污灌、污养和水的综合利用问题，以求经济、环境、社会效益的统一。

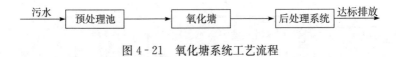

图 4-21　氧化塘系统工艺流程

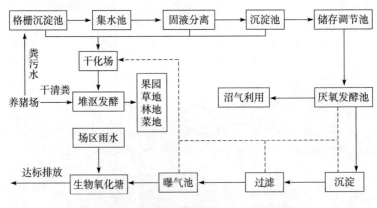

图 4-22　达标排放养猪模式生产工艺流程图

第二单元　人工湿地维护

学习目标：根据人工湿地污水净化系统构造和原理，完成人工湿地的运行维护。

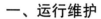

一、运行维护

（一）水位调控

1. 根据暴雨、干旱、结冰期各种极端天气，需进行水位调节，不得出现进水端壅水现象和出水端淹没现象。

2. 当人工湿地出现短流现象，可进行水位调节。

（二）植物管理

1. 加强植物滤池的植物选种，既要考虑植物对系统渗透性能的影响，又要考虑净化效果、美化功能等因素。

2. 湿地栽种植物后即须充水，初期应进行水位调节。

3. 植物系统建立后，应保证连续提供污水，保证水生植物的密度及良性生长。

4. 应根据植物的生长情况，进行缺苗补种、杂草清除、适时收割及控制病虫害等管理，不宜使用除草剂、杀虫剂等。

（三）清淤防堵

1. 启动系统，定期清淤，清理系统植物滤池的表面，禁止直排水体，以免造成水体污染。

2. 适当的采用间歇运行方式，定期对系统停止供水，以恢复系统的渗透性能。

3. 对污水进行曝气，使微生物的分解作用得以更好地发挥，同时也可防止土壤中胞外聚合物的蓄积。

4. 在系统运行期间，在允许的条件下，可定期更换系统植物池中的沙子。

（四）湿地清理

1. 定期清理格栅池、隔油池。

2. 湿地运行中应及时清理人工湿地填料表面的植物落叶及败落的茎秆等。

二、注意事项

1. 对人工湿地要实行安全管理，避免事故发生。

2. 在人工湿地周围要设置安全警示牌，禁止在湿地水域游泳或戏水。

3. 建立人工湿地管理与维护档案，对湿地实行科学化维护与管理。

三、相关知识

(一) 人工湿地的构造

人工湿地是由人工优化模拟自然湿地系统而建造的，以基质-植物-微生物为生态环境，通过物理、化学、生物作用对污水进行处理的生态系统。它克服了自然湿地净化效果不理想、负荷低、易淤积、占地面积大和远离居住区等缺点，不仅能有效地净化水体，还具有强大的生态功能。

人工湿地主要有四部分构成，即水体、基质、水生植物以及微生物群落 (图4-23)。水体在湿地床体基质中或在床体表面停留和流动的过程就是污染物进行生物降解的过程，同时水体也是水生动植物生存的必要条件。基质通常是由土壤和吸附能力强的填料混合组成，常用填料有砾石、细沙、粗沙、煤灰渣、沸石或钢渣等。基质能够为植物和微生物提供生长环境，也能够通过沉淀、吸附和过滤等作用直接去除污染物。在湿地床的表面种植具有净化效果好，耐污能力强，成活率高，根系发达，美观及具有经济价值的水生植物 (如芦苇、香蒲等)，可形成一个独特的生态环境，进行污水处理。湿地植物是人工湿地系统重要的组成部分，针对不同特征的污水和湿地类型，选择恰当的植物，是湿地系统处理效果的关键因素。待系统运行稳定后，基质表面和植物根系之间会形成生物膜，附着大量的微生物，污水流经时，部分氮、磷等营养物质通过生物膜的吸附、同化及异化作用而得以去除。植物根系具有氧传输的作用，湿地根系周围的微环境中依次呈现出好氧、缺氧和厌氧状态，为不同微生物提供了各自适宜的生存环境，使得硝化、反硝化细菌同时存在，在氮的去除过程中起着重要作用。最后污染物质从系统中最终去除是通过湿地基质的定期更换或植物收割实现的。污水处理后还可循环使用，减少了对自来水的需求量，节约了水资源。

人工湿地根据湿地中的主要植物种类可分为：浮水植物系统、

挺水植物系统、沉水植物系统。

1. 浮水植物人工湿地 浮水植物根茎生于泥底，叶漂浮于水面，或植物体完全漂浮于水面。浮水植物主要在去除 N、P 等有机物时发挥较明显的优势，并且可以提高传统稳定塘的效率。此类植物生命力强，生物量大，生长迅速，对 N 的需求量高。使用较多的植物种类有浮萍、凤眼莲、睡莲、水葫芦等。一般用于城镇污水的二级或三级处理，或用于河流、湖泊的水质净化。

2. 挺水植物人工湿地 挺水植物根茎生于泥底中，植物体上部挺出水面。此类植物根系发达，生物量大，且对 N、P、K 吸收较丰富。常见种类有芦苇、香蒲、千屈菜等。不仅可以直接吸收水中的污染物质，还可以改善微生物的生存条件，促进污染物的分解。

3. 沉水植物人工湿地 沉水植物的植物体完全沉于水、气界面以下，扎根于泥底或漂浮于水中。由于沉水植物的茎叶、表皮和根一样具有吸收作用，因此具有较强的净化能力。沉水植物还处于实验室阶段，主要应用领域为初级处理和二级处理后的深度处理

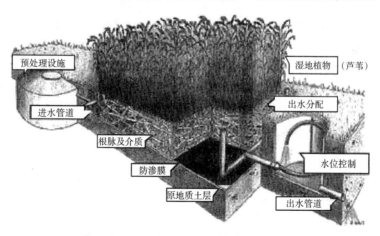

图 4 - 23　人工湿地构造原理

（二）人工湿地分类

在实际应用中，按照污水在湿地床中的流动方式可分为：表面流人工湿地和潜流人工湿地。潜流人工湿地又可分为水平潜流人工

湿地和垂直流人工湿地。

1. 表面流人工湿地 表面流人工湿地（图4-24）水文体系、构造和自然湿地极为相似，污水以较慢的速度在湿地表面漫流，水深一般为0.3～0.5米。大部分有机物的去除主要依靠床体表面的生物膜和生长在水下植物的茎和杆上的生物膜来完成，因而不能充分利用填料及丰富的植物根系。这种类型的人工湿地具有投资少、操作简单、运行费用低等优点。缺点是占地面积大、水力负荷率小、去污能力有限，而且系统的运行受气候影响较大，水面冬季易结冰，夏季有蚊蝇滋生，散发臭气。

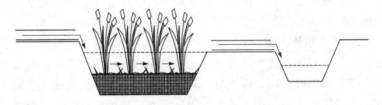

图4-24　表面流人工湿地示意图

2. 潜流人工湿地 潜流人工湿地在床体中填充一些填料（如砾石、钢渣等），污水在湿地床的表面下流动，水面位于基质层以下，床底设有防渗层。通常在表层土壤中种植水生植物（如芦苇、香蒲、千屈菜等），这些植物具有非常发达的根系，可深入床体表层以下0.6～0.7米，并交织成网，与基质一起构成一个透水性良好的系统。出水经底部集水区铺设的集水管收集后排出。目前，这种湿地系统得到广泛研究和应用，1973年首先由德国Kessel的Kickuth（1997）研究开发成功，且已被美国、日本、澳大利亚、德国、瑞典、英国、荷兰和挪威等国家广泛应用。

潜流人工湿地又分为水平潜流人工湿地（图4-25）和垂直流人工湿地（图4-26）。水平潜流人工湿地中污水从湿地一端进入另一端流出，污水在床体表面下水平流过，床体表面无积水，很少有恶臭和蚊蝇滋生且保温性好。但是由于系统内氧来源主要依靠植物输氧是非常有限的，所以系统内部氧含量相对较低，硝化作用受到限制，氮的去除效果并不理想。

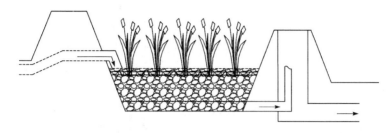

图 4-25　水平潜流人工湿地示意图

垂直流人工湿地污水从湿地表面流入，水流在填料床中自上而下流到床体底部，后经铺设在底部的集水管收集而排出系统。床体处于不饱和状态，氧可通过大气扩散和植物传输进入湿地，并且当污水从表面流入床体时，将大气中的氧带到床体中，故其硝化能力高于水平潜流人工湿地，可用于处理 NH_4^+ - N 含量较高的污水。但处理有机物能力不如水平潜流人工湿地系统，落干、淹水时间较长，控制相对复杂，夏季有滋生蚊蝇的现象。垂直流根据进水方式可分为连续流和间歇流。

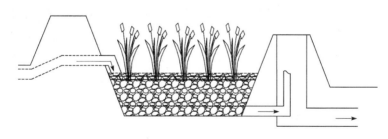

图 4-26　垂直流人工湿地示意图

（三）植物在人工湿地系统中的作用

基质、植物、微生物是人工湿地的基本构成要素。其中，湿地植物净化水体的特点是以大型湿地植物为主体，植物和根区微生物共生，产生协同效应，通过物理、化学和生物过程去除污染物。湿地植物在生活污水、工业废水和其他废水净化过程中起着重要作用，主要分为以下几个方面：①吸收利用污水中的营养物质供其生长发育，吸附和富集重金属及一些有毒有害物质，保证出水水质；

②输送氧气至根区，为微生物提供多样的生存环境；③植物根系能固定基质中的水分，增强和维持基质的水力传输；④改善、美化生态环境，可收割回收资源，具有一定的观赏价值与经济价值。

1. 吸收、吸附和富集作用　用于污水处理的湿地植物一般都具有生长快、生物量大和生命力强等特点。它们在生长过程中，可以通过根部直接吸收大量的氮、磷等营养物质供其生长。污水中的 $NH_4^+ - N$ 作为植物生长过程中必不可少的物质被植物直接摄取，合成蛋白质和有机氮，当植物通过收割而从系统中除去时，被吸收的营养物质随之从水体中输出，达到净化水体的作用。

2. 氧传输作用　人工湿地植物通过光合作用产生的氧气由植物输气组织传送到根部，这些氧一部分用于植物自身的呼吸作用，其余部分将释放到植物根区周围，依次形成好氧、缺氧和厌氧区域，为根区的好氧、兼性和厌氧微生物提供了各自适宜的微环境，使其共同发挥作用去除污水中的污染物。植物在输送氧气的同时，硝化反硝化作用与微生物对氮、磷的过量积累同时进行，将氮、磷从污水中去除。

另一方面，人工湿地中的微生物多集中在植物根区周围，且种类和数量极其丰富。有植物的湿地系统细菌数量显著高于无植物系统，且植物根部的细菌比基质处高 1～2 个数量级，植物根系分泌物还可以促进某些嗜磷、嗜氮细菌的生长，利于氮、磷的释放、转化，从而间接提高净化率。

3. 维持系统稳定、加强水力传输的作用　植物根系对基质具有穿透作用，在基质中形成了许多微小的气室或间隙，减小了基质的封闭性，增强了基质的疏松度，使得基质的水力传输得到加强和维持。系统中部分水和养分的变化会快速地在通过根系或根孔影响到系统的其他部分。植物的生长能加快天然土壤的水力传输程度，且当植物成熟时，根区系统的水容量增大。即使当植物的根和根系腐烂时，剩下许多的空隙和通道，也有利于土壤的水力传输。

4. 湿地植物的景观效应　利用人工湿地的生态修复功能，不仅可控制土壤侵蚀、防风护堤，而且在提供水资源、涵养水源、降解污染物、保护生物多样性和为人类提供生产、生活资源方面发挥重要作用，还能净化空气、消除城市热岛效应、光污染和吸收噪声等。目前，在人工湿地建设中所用的湿地植物，均具有较高的观赏价值。在居民区，人工湿地可为人们增添休闲、观赏和贴近自然的美景。

5. 其他作用 水生植物和浮游藻类在营养物质和光能的利用上是竞争者，前者个体大、生命周期长、吸收和储存营养盐的能力强，能很好地抑制浮游藻类的生长。某些水生植物根系还能分泌出克藻物质，达到抑制藻类生长的作用。如用培植石菖蒲的水培养藻类，可破坏藻类的叶绿素 a，使其光合速率、细胞还原 TTC 的能力显著下降。在冬季，植物的存在可以防止系统结冰，具有一定的保温作用。另外，有些湿地植物还可以作为水体所受污染程度的指示物。

（四）筛选人工湿地植物的原则

目前，全球发现的湿地高等植物多达 6 700 余种，而已被用于处理湿地且产生效果的不过几十种，很多植物还从未试用过。若是湿地中的植物生长不良，就很难发挥其作用。因此，对于人工湿地系统而言，选择合适的水生植物显得尤为重要。在选择植物时主要考虑一下几个方面：①净化效果好，耐污力强；②根系发达，茎叶茂密；③适应当地环境；④经济和观赏价值高。

1. 净化效果好，耐污力强 净化效果好和耐污能力强是选择湿地植物时首要考虑的因素。湿地系统应根据不同的污水性质选择不同的湿地植物，如选择不当，可能导致植物死亡或者去污效果不好。芦苇、香蒲、灯心草、薏米、美人蕉、文殊兰、蜘蛛兰等湿地植都有较好的综合净化效率。另外，在去除重金属污染物方面应用较多的超累积植物也可以应用到人工湿地中。具体应用时可根据所要处理污水中的主要污染物来选择相应种类的超累积植物，尤其在处理污水中的重金属元素方面，具有非常好的应用前景。

2. 根系发达，茎叶茂密 湿地植物的净化功能与其根系的发达程度和茎叶生长状况（密度和速度）密切相关，因此选择人工湿地的水生植物时，必须全面考虑它的根系状况。多数挺水植物具有庞大的根系，可以分泌较多的根分泌物，为微生物的生存创造良好的条件，促进微生物降解污染物质，提高了系统的净化效率。据报道，芦苇根系深度为 0.6～0.7 米。

3. 适应当地环境　人工湿地选择的植物还必须适应当地的土壤和气候条件，也要适合湿地的设计要求，要因地制宜，否则，难以达到理想的处理效果。同时，由于设计的人工湿地系统是周围景观的一部分，因而必须将构建的人工湿地融入其中，而不是独立于景观之外，这也是选择湿地植物时应考虑的因素。灯心草作为湿地中一种普通的淡水挺水植物，在英国的牧场、沼泽地和其他潮湿地区作为一种优势物种随处可见。香蒲、灯心草是武汉及北纬30°附近地区人工湿地较为适宜的水生植物，特别是灯心草冬季生长良好，是该地区更为理想的净水植物。但是，在深圳白泥坑人工湿地中，灯心草因生长不好而遭淘汰。

4. 经济和观赏价值高　以往人工湿地植物的选择主要侧重于净化效果和耐污能力，较少考虑植物的经济效益和观赏价值，故所选用的植物多局限于凤眼莲、喜旱莲子草和宽叶香蒲等，但因其经济价值不高、景观效果欠佳等原因，难以在实际工程中广泛应用。在我国四川地区，灯心草也是农民常栽种的经济作物，每年收割1～2次，用于编织草席销售，有一定的经济价值。相关试验表明，在四川地区选择灯心草作为湿地植物是非常适宜的。同时，近年来有关学者开始对湖泊等受污染水体进行无土栽培陆生经济植物净化与利用研究，且发达国家的人工湿地污水处理系统在治污的同时还引入园林设计的理念，将治污与营造生态公园融为一体，使保护环境与美化人们的生活相映生辉，产生了非常好的效果。

思考与练习题

1. 简述太阳能加热系统的构造。
2. 如何维护太阳能加热系统？
3. 潜水搅拌机的构造及工作原理是什么？
4. 潜水搅拌机的维护细则是什么？
5. 物料粉碎机的构造及工作原理是什么？

6. 如何正确安装与使用物料粉碎机?

7. 物料粉碎机的维护要点是什么?

8. 简述粪草分离机的构造及使用方法。

9. 粪草分离机的维护及保养要点什么?

10. 氧化塘的功能是什么? 氧化塘是如何进行运行的?

11. 简述人工湿地的类型及构成。

12. 人工湿地是怎样运行的?

第五章　沼肥综合利用

本章的知识点是学习中小型沼气工程沼气发酵剩余物综合利用技术，重点是掌握沼液无土栽培、沼液养鱼、沼渣栽培食用菌、沼渣配制营养土等知识和技能。

第一节　沼液综合利用

沼气发酵不仅是生产清洁能源——沼气的厌氧微生物过程，而且伴随这一过程富集了有机废弃物中的大量养分，如氮、磷、钾等大量营养元素和锌、铁、钙、镁、铜、铝、硅、硼、钴、钒、锶等丰富的微量元素。同时，沼气发酵过程中，复杂的厌氧微生物代谢产生了许多生物活性物质——丰富的氨基酸、B族维生素、各种水解酶类、全套植物激素、腐殖酸等，使其在种植业中有着广泛的用途。沼液是有机物质厌氧发酵后的产物，其速效营养能力强，养分可利用率高，能迅速被作物吸收利用，不但能提高作物的产量和品质，而且具有防病、抗逆作用，是优质的有机肥料。

第一单元　沼液无土栽培

学习目标：根据中小型沼气工程沼液的基本特性，掌握沼液无土栽培操作技能。

一、操作技能

无土栽培是人工创造的根系环境取代土壤环境，并能对这种根系进行调控以满足植物生长的需要。它具有产量高、质量好、无污染，省水、省肥、省地，不受地域限制等优点。目前国内外均采用化学合成液作营养液，配制程序比较复杂，不易为群众掌握。利用沼气发酵液作无土栽培营养液栽培蔬菜，效果好，技术简单，易于推广。

（一）操作方法

沼液无土栽培系统是由供液池、栽培槽、贮液池、输液管和微型水泵构成。经沉淀过滤后的沼液通过供液管自动流入栽培槽再进入贮液槽，通过水位控制器联结的微水泵，将贮液池里的沼气发酵液抽回供液池，从而完成营养液的循环过程，依次周而复始（图 5-1）。

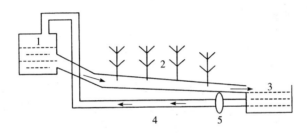

图 5-1　沼液无土栽培蔬菜示意
1. 供液池　2. 栽培槽　3. 贮液池　4. 输液管　5. 微型水泵

将育好的蔬菜苗按宽行 60 厘米，窄行 30 厘米，移栽入栽培槽内，株距均为 33 厘米。对沼液要求是，沼液必须取自正常产气 1 个月以上的沼气池出料间的中层清液，无粪臭、深褐色，根据蔬菜品质不同或对微量元素的需要，可适当添加微量元素，并调节 pH 为 5.5～6.0。在蔬菜培植过程中，要定期更换沼液。

沼液的营养成分齐全，经厌氧发酵腐熟后，各种养分的可供态提高，是一种营养丰富的液体肥料（表 5-1）。用沼液作营养液栽培生菜、芹菜、番茄、黄瓜、茄子的产量比无机标准营养液栽培的增产 3.4％～8.8％，其中意大利生菜增产效果最明显（表 5-2）。沼液栽培的蔬菜品质明显优于无机营养液栽培，特别是维生素 C 含量显著提高，硝酸盐含量也有明显降低（表 5-3），这主要是沼液中含有大量有机氮和氨态氮，只有少量硝态氮所产生的影响。

表 5-1　沼液与无土栽培营养液成分比较（毫克/千克）

项目	硝氮	氨氮	磷	钾	钙	镁	硫	锰	锌	硼	钼	铜	铁
营 养 液	189	7	45	360	186	43	120	0.55	0.33	0.27	0.048	0.05	0.88
原 沼 液	0	984	247	500	590	161	68	11	1.2	0.91	0.2	0.19	4.5
稀释 5 倍沼液	0	197	49	100	118	35	13	2.2	0.24	0.18	0.04	0.04	0.9

表 5-2　不同营养液对生菜、芹菜、番茄、黄瓜、茄子产量的影响

种类	处理	株高（厘米）	开展度（厘米）	叶片数	最大叶（宽×长）	产量（株·克）	增产量（%）
生菜	沼 液	15.95	24.5	16.7	15.7×16.3	228.1	8.8
	营养液	16.15	25.1	16.2	15.4×16.2	209.6	—
芹菜	沼 液	71.5	—	12.8	79×1.1	106.2	8.1
	营养液	69.3	—	12.2	78×0.9	98.1	—
番茄	沼 液	221.5	63.4			2 590	3.6
	营养液	218.3	63.1			2 501	—
黄瓜	沼 液	—				2 521	4.6
	营养液	—				2 411	—
茄子	沼 液	98.3	70.1			1 245	3.4
	营养液	97.2	69.8			1 204	—

表 5-3　不同营养液对生菜和番茄品质的影响

种类	处理	粗蛋白（毫克/千克）	维生素 C（毫克/千克）	硝酸盐（毫克/千克）	可溶性糖（%）	总酸（%）
生菜	沼 液	0.91	125.6	113.21	—	—
	营养液	0.86	106.9	181.32	—	—
番茄	沼 液	0.77	203.2	88.76	3.52	0.63
	营养液	0.71	89.8	148.7	3.32	0.60

　　从表 5-1 可见，沼液的营养成分除钾和硫的含量偏低外，其他营养元素均高于专用营养液 4～5 倍，稀释后可替代专用营养液。

　　沼液中的氮均以氨态氮的形式存在，这对于优先吸收硝态氮或对硝态氮与氨态氮并行吸收的蔬菜作物来说，不能直接利用，必须

先经过硝化细菌的作用，将氨态氮转化成硝态氮。

采用毛管孔隙度的煤渣、谷壳灰和泥炭作为沼液无土栽培的基质，有利于硝化细菌的富集和培养，适宜于西红柿、黄瓜、生菜及康乃馨、唐菖蒲等蔬菜花卉的无土栽培。

经大棚对比试验结果，沼液用于无土栽培营养液增产效果十分显著，西红柿产量比专用营养液每亩增产 1 095 千克，增产22.6%。不仅产量高，而且品质优，果实味道鲜，是无公害的绿色食品。沼液无土栽培的花卉，花期长，颜色鲜艳。

（二）基质选择

在无土栽培中，基质的作用是固定和支持作物，吸附营养液，增强根系的透气性。基质是十分重要的材料，直接关系栽培的成败。基质栽培是无土栽培中推广面积最大的一种方式，它是将作物的根系固定在有机或无机的基质中，将沼液稀释通过滴灌或细流灌溉的方法，供给作物营养液。但对于基质，要根据不同条件、不同地区，不同资源因地制宜，应用不同的基质。基质的选择主要从水、肥、气协调方面考虑，既要有良好的保水、透气性能，又要有良好的保肥能力和酸碱缓冲能力，还要经济，利于就地取材。

（三）技术优化

1. 适宜的电导率　对沼液原液电导率（EC 值）、pH 测定后发现，沼液电导率大于 0.8 西门子/米，pH 在 7.8～8.1，不能直接使用，需要用水稀释调节，使其 EC 值在 0.2～0.4 西门子/米，栽培液浓度为原沼液浓度的 30%～60%。用硝酸或磷酸来调节沼液的 pH 到 5.8～6.5，以适于蔬菜生长。

2. 加强根系供氧　沼液在养分转化过程中需消耗部分氧气，利用其进行无土栽培常出现根部缺氧现象，养分吸收功能减弱，易导致植株生长缓慢、叶片黄化。为此，可在栽培槽进口处设置了增氧器，一天 24 小时增氧，利用机械和物理的方法增加营养液与空气接触，提高溶液中氧含量。此外，还可采用增加沼液循环次数、加大落差等方法，来增加沼液中氧的含量。实验表明，沼液应事先在贮液池进行 30 天的熟化和稳定，有利于养分转化，消除沼液中的还原物质，并在栽培槽进口处设置增氧机增氧，是补充沼液因厌氧发酵而产生缺氧的有效方法。

3. 加入螯合态铁　在实际生产中，应根据实际情况决定沼液的使用浓度，沼液的铁元素偏低，加上沼液 pH 偏高，在沼液作营养液栽培时常出现缺铁症状。试验表明，不加铁元素栽培槽的番茄、黄瓜、芹菜、生菜、茄子均出现叶片失绿，症状从顶叶向老叶发展，严重时叶片白化，叶缘坏死，植株顶芽停止生长。而定期加入铁元素栽培槽的生菜、芹菜、番茄、黄瓜、茄子则生长发育正常。这表明加入螯合态铁以保持沼液中一定的铁浓度是解决沼液缺铁行之有效的方法。

二、注意事项

1. 沼液应在严格厌氧发酵条件下，至少应经过一个水力滞留期充分发酵后才能使用。

2. 沼液应在贮液池进行 30 天的熟化和稳定后再用作无土栽培营养液。

3. 沼液做无土栽培营养液应根据作物的营养需求进行配制，防止产生肥害。

三、相关知识

（一）沼液中的植物营养

由于沼气发酵所涉及的微生物群种类相当复杂，有水解性细菌、产氢产乙酸菌、耗氢产乙酸菌、产甲烷菌、某些具有合成功能的细菌等。所以，沼气发酵过程中代谢产物是非常丰富的。

从营养元素来看，沼气发酵过程是碳、氢、氧的代谢过程，有机废弃物中的碳、氢、氧经发酵转化为沼气——甲烷和二氧化碳，有机废弃物中大量的氮、磷、钾保存于发酵残留物中，而且这些元素在发酵过程中被转化为简单的化合物——易于被动物、植物吸收利用的形态。例如，有机废弃物中的有机氮素，一部分被转化为氨氮（NH_4^+ - N）的形式，相当于速效氮。另一部分则参与代谢或分解为氨基氮——游离氨基酸的形式。氨氮是理想的氮肥，而氨基酸则是饲料的最佳氮素来源。

从营养成分来看，有机废弃物经沼气发酵后，原料中的纤维素被部分降解，蛋白质一方面通过蛋白水解酶降解为氨基酸，另一方面通过微生物繁殖而转化为菌体蛋白。总体比较分析，沼气发酵残留物中的粗纤维含量比有机废弃物中的低，而粗蛋白含量则高于有机废弃物。用于沼气发酵的有机废弃物通常为人、畜粪便和植物废弃茎叶等，这些原料的成分大都为纤维素、蛋白质、脂肪等。通过沼气发酵后，其发酵残留物保留了丰富的粗蛋白、粗纤维、粗脂肪等营养成分。

通过对沼气发酵原料发酵前后的氨氮、纤维素、碳氮比等指标进行检测分析，结果表明，通过沼气发酵，原料中纤维素被部分降解，粗蛋白提高，氨氮升高。

(二) 沼肥的主要特性

沼肥的属性和成分取决于发酵原料及发酵过程。其主要特性如下：

发酵过程中主要是底物的含碳成分发生变化，因此其养分全部得到保留。通过厌氧发酵后养分更容易溶解也更容易被吸收。发酵过程中干物质含量降低，发酵残余物（平均7%新鲜物质含量）中的干物质含量通常比原始粪污低2%。有机物含量（OM）被降低。pH上升，约增加1个值。4.6~4.8千克/吨的新鲜物料中的总氮含量比牛粪中的略高。发酵残余物中碳氮比为5~6，比原始物料（碳氮比为10:1）低很多。有机物的降解导致无机氨氮（$NH_4^+ - N$）在总氮中的比例更高（60%~70%）。与猪粪和生物垃圾混合发酵的残余物，磷（P）和氨氮含量高，但干物质、有机物和钾含量较低，以及有机物含量低于牛粪和能源作物发酵残余物，锰、钙和硫元素未能检测出有明显的差别。

(三) 沼液的深度处理

与未处理的发酵残余物相比，固液分离出来的沼液干物质含量低，可直接进行农田施用和新鲜发酵原料接种循环使用。此外，还可以通过下列工艺，减少体积或增加沼液的养分浓度。

1. 膜技术　膜技术在废水处理领域已经得到了广泛的利用，

它结合了过滤和反渗透工艺，从而生产出可以排放的滤出液和养分富集的浓缩液。浓缩液富含氨和钾，而磷在超滤过程中已经被截流下来。反渗透的滤出液很大程度上已经不含养分，水质可以直接排入水道。但是膜技术的投资成本仍然相对较高。

2. 蒸发　有大量余热的沼气厂通常倾向于采用对沼液蒸发，进行营养富集。通常使用多效蒸发工艺。为防止氨损失，沼液的pH 通过添加酸调低。真空蒸发厂可以将沼液体积下降约 70%，从而使固体浓度提高到 4 倍左右（FNR，2010）。运行可能发生的技术问题包括换热器的堵塞和腐蚀。在德国，由于冷凝液不能达到法律要求，不能直接排放（FNR，2010）。

3. 氨吹脱　氨吹脱时，物质被输送气体（空气、水蒸气等）从液相带出，转换成气相（FNR，2010），铵被转换成氨气。氨气可以通过冷凝、酸洗或者与水、石膏反应从混合气体中解析出来（FNR，2010）。解析的产物通常是硫酸铵和氨液，沼液中的氨氮浓度从而被大大降低。

4. 磷酸镁铵沉淀　另一项从沼液中去除养分的很有潜力的技术是通过投加氧化镁（MgO）形成磷酸镁铵沉淀。大部分正磷酸盐形态的磷可以通过这种方法去除。与氨吹脱相结合，磷酸镁铵沉淀提供了巨大的磷和氮回收潜力，考虑到磷是有限的资源，这一技术正变得日益重要。将养分去除并转换成可运输形态使得其利用不再局限于沼气厂周边，而是可以输出到更广的区域（Stamm，2013）。

第二单元　沼液养鱼

学习目标：根据中小型沼气工程沼液的基本特性，掌握沼液养鱼操作技能。

一、操作技能

沼液作为淡水养殖的饵料，不仅营养丰富，加快鱼池浮游生物繁殖，耗氧量减少，水质改善。而且，常用沼液，水面能保持茶褐色，易吸收光热，提高水温，加之沼液的 pH 为中性偏碱，能使鱼池保持中性，这些有利因素能促进鱼类更好生长。

（一）池塘养鱼方法

1. 养鱼种类及比例　沼液养鱼放养结构与沼液施放方式有关，如果用沼液直接作饵料，一般每亩放养鱼苗 400 尾左右，花、白鲢等滤食性鱼类比例不低于 70%，搭配放养 20%～30% 的鲤、鲫鱼等杂食性鱼类和少量食草鱼类如草鱼、鳊鱼等。如果将沼渣制成颗粒饲料，可按一般常规池塘养鱼放养，草食性鱼类不少于 40%～50%，再搭配其他鱼类。同时，可实行鱼蚌混养，养蚌育珠，以充分利用沼肥营养和天然饵料优势，提高鱼塘的经济效益。

2. 沼液施用量　用沼液池塘养鱼，应按照少量多次的原则，以水色透明度为依据施用沼液。水色透明度 5～6 月和 9～10 月不低于 20 厘米，7～8 月以 10 厘米为宜。适宜的水色为茶褐色或黄绿色，水色过淡，透明度过大，要加大施肥量；水色过浓，透明度过小，要减少或停止施用沼液。宜选在晴朗天气的上午进行，7～8 月高温季节，追施沼液效果最好。

（二）鳝鱼养殖方法

1. 建好鳝鱼池　鳝鱼池池基选择向阳，靠近水源，不易渗漏，土质良好的地方。面积 4～5 米^2，可联片建成池组，池深 1.2 米，宽 1.7 米，为地下平底结构，采用水泥或三合土建池，池墙四周用 20～30 厘米大小的石头砌一道高 0.5～0.6 米、宽 0.6 米的巢穴埂，将池分成两半。用田里的稀泥糊盖石墙的缝口，以便鳝鱼在巢穴埂的稀泥缝中打洞做穴。再将沼渣与田里的稀泥各半混合好后，均匀地铺在池内，厚度为 0.5～0.6 米，作为鳝鱼的基本饲料和夜间活动场地。

2. 饲养管理　铺完料后，向池中放水，水深冬、春为 0.17 米，夏 0.6 米，秋 0.35 米左右。3 月中下旬投放鳝鱼种，不投放其他饲料。7 月下旬至 8 月前后，鳝鱼陆续产卵孵化，食量渐增，应加喂饲料 1 个月左右，每平方米投放 0.5 千克左右沼渣。投沼渣后 7～10 天进行换水，以保持池内良好的水质和适当的溶氧含量，防止缺氧。鳝鱼是肉食性鱼类，喜吃活食。在催肥增长阶段，每隔

5～7天定点投喂一次切碎的螺蚌肉或蚯蚓，投喂量为鳝鱼体重的4％。

3. 日常管理

（1）养殖期间，要随时观察鳝鱼池，发现鳝鱼缺氧浮头时，应立即换水。

（2）鳝鱼是一种半冬眠的鱼类，在入冬前要大量摄食，贮藏养分供过冬消耗。因此，入冬前要喂足饵料；入冬后放干池水，并用稻草覆盖，厚度以不窒息鳝鱼为宜，以保护池温，避免冻死鳝鱼。鳝鱼池加盖塑料薄膜保温效果更好。

（3）养殖期间，如发现鳝鱼背部出现黄豆大小的黄色图形病斑时，可在池内投放几只活癞蛤蟆，其身上的蟾酥有预防和治疗梅花斑状病的作用。

（三）泥鳅养殖方法

1. 养鳅池建造　养鳅池以面积1～100米²，池深0.7～1米为宜。池壁要陡，并夯紧捶实，最好用三合土或水泥建造，以防泥鳅逃跑。进出水口要安装铁丝网，网目以泥鳅苗不能逃跑为宜。池底铺设20～30厘米厚的沼渣和田里的稀泥各一半混合好的泥土，并做一部分带斜坡的小土包。土包掺入带草的牛粪，土包上可以种点水草，作为泥鳅的基本饲料和活动场地。在排水口处底部挖一鱼坑，坑深30～40厘米，大小为养鳅池的1/20，以便泥鳅避暑和捕捉。养鳅池建好后，用生石灰清塘消毒，待药性消失后，即可放水投放泥鳅苗。

2. 泥鳅的繁殖

（1）自然产卵　选择一小型产卵池（水泥池、土池均可），适当清整后注入新水。按每立方米水体用生石灰100克化浆泼洒全池，待药性消失后，按雌、雄比例1∶2投放雌鳅0.3千克/米²，当水温达到15℃以上时，即用棕片或者柳树根、水草扎成鱼巢分散放在池中。发现泥鳅产卵于巢上，应及时取出转入孵化池孵化。也可在原产卵池内孵化，但必须将雌鳅全部捕出，以免雌鳅大量吞食泥鳅苗。

（2）人工孵化　孵化池的水流量以翻动泥鳅苗为度，过小则泥鳅苗沉积池底窒息致死；过大则消耗泥鳅苗体力，导致泥鳅苗死亡。泥鳅卵在适宜水温（20～28℃）下，一般1～2天即可出膜孵出幼苗。为了能及时掌握雌鳅发情时间，将其捕出进行人工授精。即将泥鳅精、卵挤入盆中，用鹅毛搅拌，1分钟后，再徐徐加入适量滑石粉水（黄泥浆水也可）充分搅拌。受精卵失去黏性后，便可放入孵化缸或孵化槽中孵化。一般每立方米水体可卵化鳅卵50万粒左右。

3. 泥鳅苗的饲养管理　刚孵出的泥鳅苗必须专池培育。池内水深30～50厘米，放养密度为800尾/米² 左右。如实行流水饲养，放养密度可加大到2 000尾/米²。饲养初期投喂蛋黄、鱼粉、米糠等，随后日投饵按泥鳅苗总重量的2％～5％，配合饵料和适量的沼液。沼液既可使泥鳅苗直接吞食，又可繁殖浮游生物，补充饵料。6～9月投饵量逐渐提高到10％左右，沼液也要适量增加，每天分上、下午各投喂一次。沼液投入后，使浮游生物大量繁殖，保持池水呈浅绿色或茶褐色，有利于吸收太阳热能，提高池水的温度，促进泥鳅的生长。施用沼液后要经常对养鳅池进行检查，若溶氧量偏低，应及时采取增氧措施。8～9月水温增高，泥鳅生长快，耗食量大，可适当多施。一般水的透明度不低于20厘米，如透明度过低，应换水。

4. 成鳅的饲养管理　成鳅池水深50厘米左右。放养密度为0.1千克/米³（尾长5厘米），投喂麦麸、米糠、米饭、菜籽饼粉、玉米粉、沼渣、沼液等，日投入量按泥鳅体重计算：3月为1％，4～6月为4％，7～8月为10％，9～10月为4％，11月至来年2月可不投饵。沼渣、沼液可交换投放，以量少次多为佳，根据水质变化而定。刚投完沼肥不宜马上放水（除溶氧量太低外），以利于泥鳅直接吞食和浮游生物的生长。酷暑季节，养鳅池上方要搭设遮阴棚（最好栽葡萄或瓜果），并定期加注新水入池。冬季可在养鳅池四角堆放沼渣，供泥鳅钻入保温。

二、注意事项

1. 沼液养鱼要根据天气变化及时调整沼液施用量，天气闷热和阴雨连绵时少施或不施。施用沼液后，要经常对鱼塘进行检查，以鱼类浮头时间不宜过长，日出后很快下沉为宜。若用沼渣制成颗粒饲料，可按饲料系数为 2 的比例进行投放即可。年终需将未吸收的鱼池沉积物进行清理，并施放一定量的石灰中和酸性，增加钙质，以利于今后鱼池水质的调节和控制。

2. 大小泥鳅应分开饲养，避免大泥鳅吃小泥鳅；在泥鳅生长期内，要防止洪水冲毁、淹没鱼池；严禁鸭子入池捕食泥鳅。

3. 在原产卵池内孵化的鳅苗必须将雌鳅全部捕出，以免雌鳅大量吞食泥鳅苗。养鳅池的水质透明度不低于 20 厘米时，应换水。刚投完沼肥不宜马上放水，以利于泥鳅直接吞食沼肥。

三、相关知识

(一) 沼液养鱼作用与效能机理

沼气微生物菌体本身的蛋白质含量极高，是很好的饲料蛋白。沼气发酵后的微生物菌体，一部分来自原料中的可溶性组分，另一部分来自原料中的固形物。这些菌体在分解原料有机物的过程中也在不断增长，使沼气发酵料液中蛋白质含量较之发酵前增加。

沼气微生物本身的细胞结构、生理功能和所具有的酶类比较特殊，尤其是其中的甲烷菌，更被认为是一类特殊的微生物。这些特性使其具有某些应用价值，例如在厌氧条件下的分解纤维素的特性可用于将农牧复合生态工程中农作物秸秆转换为饲料方面发挥作用。

1. 沼液形成蛋白质和矿物质的补给源 厌氧发酵主要消耗碳水化合物，特别是淀粉、糖类等易分解的碳水化合物。由于这些基质随发酵进程消耗，使总基质量变小，因此不易损失的蛋白质和矿物质相对含量提高。据测定，沼气发酵残留物中含有铁、锌、铜、锰等动物生长所必需的微量元素，且大部分元素活性提高，有利畜禽吸收利用。

矿物质元素在饲料中占的比例很小，但它却是构成有机体的重要组成部分。它参与机体内多种酶的组成，与糖类、脂肪和蛋白质代谢过程密切相关。根据矿物质元素在猪体内的含量多少，可分为常量元素和微量元素。

铁、铜、钴是红细胞中血红素的原料，铜和钴可以促进红细胞的形成。钴为维生素 B_{12} 的成分，与酶的活化及蛋白质和碳水化合物的代谢有关，缺钴会影响维生素 B_{12} 的合成，也阻碍血红素和红细胞的形成。

沼气发酵残留物中存在的多种微量元素，对防治猪的营养性贫血症，增强猪的耐粗食性，促进猪的正常生理代谢机能起很大作用。猪食沼液后食欲增加，摄食量增大，不拱圈，喜睡，能快速增长，其原因可能就是沼气发酵残留物中的这些微量元素的综合作用结果。

2. 沼液含有丰富的必需氨基酸　蛋氨酸、赖氨酸等是动物生长所必需的氨基酸，这些氨基酸在动物体内不能合成，只能依赖于供给。由于蛋白质的水解和总固体物的挥发浓缩，沼渣、沼液中必需氨基酸含量往往超过发酵前的水平。并且这些物质都是可溶性的，有利于畜禽肠壁细胞的吸收和利用，它们和饲料中所含的有机成分形成一种复合的消化酶，能起到催化剂的作用，从而有效地刺激畜禽的食欲，促使饲料的消化、吸收和利用，提高饲料的利用率，加快畜禽的生长发育。

氨基酸是组成蛋白质的基本单位。饲料中的蛋白质，只有在消化酶的作用下，使饲料蛋白质逐次分解为氨基酸后，才能通过肠道进入血液，在体内将所需的氨基酸组成自身特有的蛋白质。沼液之所以能够作为较好的饲料添加剂，还因为它含有较丰富的、可溶性的多种氨基酸。

沼气发酵残留物中的氨基酸，包括了动物营养必需的十种氨基酸，即苏氨酸、缬氨酸、蛋氨酸、异亮氨酸、亮氨酸、苯氨酸、组氨酸、赖氨酸、精氨酸、色氨酸。凡含有各种必需氨基酸的蛋白质，皆能维持动物正常生长，称为完全蛋白质。所以，沼气发酵残留物实际上是一种完全蛋白质的营养物质，它能使喂食植物性饲料的猪得到一定的补充营养，起到饲料添加剂的作用。

3. 含有有益于鱼类生长的维生素　国内外大量试验证实，沼气发酵使 B 族维生素的含量有明显增加，维生素 B_{12} 可增加 6～10 倍，烟酸（维生素 B_1）增加 2 倍左右，核黄素（维生素 B_2）增加

0.5～1倍。这些物质可以刺激动物生长发育，提高动物的免疫力。

4. 厌氧发酵使沼液无害化　沼气发酵原料中的各种有害病菌和虫卵在厌氧的环境条件下，难以滋生。同时，发酵过程中所生成的抗生素，对一些致病菌也有抑制作用。所以，沼液是一种无毒、无害的营养物质。添加沼液饲喂畜禽，畜禽的抗逆性强，很少生病，效果显著。

（二）沼液养鱼的效应

1. 提高鲜鱼的产量　鱼池使用沼肥后，改善了鱼池的营养条件，促进了浮游生物的繁殖和生长，因此提高了鲜鱼产量。据南京市水产研究所用鲜猪粪与沼肥作淡水鱼类饵料进行对比试验，结果后者比前者增产鲜鱼 19%～38%。

2. 改善鲜鱼的品质　施用沼肥的鱼池，水中溶解氧增加10%～15%，改善了鱼池的生态环境，因此不但使各类鱼体的蛋白质含量明显增加，而且对影响蛋白质质量的氨基酸组成也有明显的改善，并使农药残留量呈明显的下降趋势，所以营养价值高，食用更加安全可靠。

3. 减少鱼病的发生　沼肥经腐熟和发酵，杀死了其中的虫卵和病菌，烂鳃、赤皮、肠炎、白嘴等鱼类常见病和多发病得到了有效的控制。因此，减少了鱼病的发生。

同时，沼液已经被应用在鱼的病害防治方面，如烂鳃病、红蜘蛛病等。具体的用法、用量、配方以及注意事项等信息有待进一步验证。

第二节　沼渣综合利用

有机物质在厌氧发酵过程中，除了碳、氢、氧等元素逐步分解转化，最后生成甲烷、二氧化碳等气体外，其余各种养分元素基本都保留在发酵后的剩余物中，其中一部分水溶性物质保留在沼液中，另一部分不溶解或难分解的有机、无机固形物则保留在沼渣中，在沼渣的表面还吸附了大量的可溶性有效养分。所以，沼渣含有较全面的养分元素和丰富的有机物质，具有速缓兼备的肥效特点。

第一单元 沼渣栽培食用菌

学习目标：根据中小型沼气工程沼渣的基本特性，掌握沼渣栽培食用菌的操作技能。

一、操作技能

沼渣含有机质 30％～50％，腐殖酸 10％～20％，粗蛋白质 5％～9％，全氮 1％～2％，全磷 0.4％～0.6％，全钾 0.6％～1.2％和多种矿物元素，与食用菌栽培料养分含量相近，且杂菌少，十分适合食用菌的生长，利用沼渣栽培食用菌具有取材广泛、方便、技术简单、省工省时省料、成本低、品质好、产量高等优点。

（一）沼渣栽培蘑菇

1. 培养料的准备和堆制

（1）沼渣的选择 一般来说，沼渣都能栽培蘑菇，但优质沼渣更能促进蘑菇的增产。所谓优质沼渣，是指在正常产气的沼气池中停留 3 个月出池后的无粪臭味的沼渣。

（2）栽培料的配备 蘑菇栽培料的碳氮比要求 30∶1 左右，所以每 100 米² 栽培料需要 5 000 千克沼渣，1 500 千克麦秆或稻草，15 千克棉籽皮，60 千克石膏，25 千克石灰。含碳量高的沼渣可直接用于栽培蘑菇。

（3）栽培料的堆制 栽培料按长 8 米，宽 2.3 米，高 1.5 米堆制，顶部呈龟背形。堆料时，先将麦草铡成 30 厘米小段，并用水浸透铺在地上，厚 16 厘米；然后将发酵 3 个月以上的沼渣，晒干、打碎、过筛后均匀铺撒在麦草上，厚约 3 厘米。照此方法，在第一层料堆上再继续铺放第二层、第三层。铺完第三层时，向堆料均匀泼洒沼液，每层 4～5 担（每担 40 千克），第 4～7 层都分别泼洒相同数量的沼液，使料堆充分吸湿浸透。堆料 7 天左右，用细竹竿从料堆顶部朝下插一孔，把温度计从孔中放时料堆内部测温。当温度达到 70℃时，进行第一次翻料。如果温度低于 70℃，应适当延长堆料时间，使温度上升高到 70℃时再翻料，并注意控制温度不要高过 80℃ 以上，否则原料腐熟过度，会导致养分消耗过多。第一次翻料时，加入 25 千克碳铵，20 千克钙镁磷肥，4 千克棉籽皮，14 千克石膏粉。加入适量化肥，可补充养分和改变培养料的理化性状。石膏可改变培养料的黏性而使其松散，并增加硫、钙矿质元素。拌和均匀后，继续堆料。堆沤 5～6 天，测得料堆温度达 70℃ 时，进行第二次翻料。此次用 40% 的甲醛液 1 千克兑水 40 千克，在翻料时喷入料堆消毒，边喷边拌。如料堆变干，应适当泼洒沼液，以手捏滴水为宜，如料堆偏酸，可适当加入石灰，使料堆的酸碱度以 pH7～7.5 为宜。然后继续堆料 3～4 天，当温度达到 70℃ 时，进行第三次翻料。在此之后，堆料 2～3 天即可移入菌床使用。整个堆料和三次翻料共 18 天左右。

2. 菇房和菇床的设置　蘑菇是一种好气性菌类，需要充足的氧气，属中温型菌类，其菌丝体生长的最适宜温度是 22～25℃；籽实体的形成和发育，需要较高的湿度；菌丝体和籽实体对光线要求不严格。因此，设置菇房时，要求菇房坐北朝南，保温、保湿和通风换气良好。菇房的栽培面积不宜过大。床架与菇房要垂直排列，菇床四周不要靠墙，靠墙的走道 50 厘米，床架与床架之间的走道 67 厘米。床架每层距离 67 厘米，底层离地 17 厘米以上。床架层数视菇房高低而定，一般 4～6 层，床宽 1.3～1.5 米。床架要牢固，可用竹、木搭成，也可以用钢筋混凝土床架，每条走道的两端墙上各开上、上窗一对，五层床架以上的菇房还要开一对中窗。上窗的上沿一般略低于屋檐，下窗高出地面 10 厘米左右。大小以 40 厘米宽、50 厘米高为宜。

3. 装床接种和管理

(1) 菇房消毒　16m² 的菇房用 500 克甲醛液兑水 20 千克喷在菇房内面和菌架、菌床，喷完后随即将敲碎的 150 克硫黄晶体装在碗内，碗上盖少量柏树枝和乱草，点燃后，封闭门窗熏蒸 1～2 小时，3 天后，喷高锰酸钾水溶液（20 粒高锰酸钾晶体兑水 7.5 千克），次日进行装床接种。

(2) 装床接种　生产证明，最适宜的接种时间是 9 月 10 日左右，过早或过迟接种都会影响蘑菇的产量和质量。把培养料搬运到

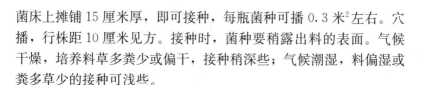

菌床上摊铺 15 厘米厚，即可接种，每瓶菌种可播 0.3 米^{2}左右。穴播，行株距 10 厘米见方。接种时，菌种要稍露出料的表面。气候干燥，培养料草多粪少或偏干，接种稍深些；气候潮湿，料偏湿或粪多草少的接种可浅些。

（3）管理　接种后，菇房通风要由小到大，逐渐增加。接种后 3 天左右以保湿为主，初次通风，一般只开个别的下窗。7 天以后，进行大通风，并且在床架反面料内戳些洞，或撬松培养料，以使料中间的菌丝繁殖生长。播种后 18 天左右，当培养料内的蘑菇菌丝基本长到料底时进行覆土。

①覆土应选团粒结构好，吸水保湿能力强，遇水不散的表层 15 厘米以下的壤土。覆土分粗细两种，粗土以蚕豆大小为宜，27 千克/米^{2}左右。细土大于黄豆，粒径约 6 毫米，22 千克/米^{2}左右。覆土前 5 天左右，每 110 米^{2}栽培面积的土粒，用甲醛 1 千克兑水喷洒后，用塑料薄膜覆盖熏蒸消毒 12 小时。再用敌敌畏 1 千克兑水喷洒，盖上薄膜 12 小时，待药味散发后进行覆土。先用粗土覆盖培养料。3 天后进行调水，接连调水 3 天，每平方米用水 9 千克左右，调至粗土无白心，捏得扁。覆粗土后 8 天左右，当菌丝爬到与粗土基本相平时，覆盖细土。一般覆细土后的第二天开始调水，连调 2 天，调到细土捏得扁，其边缘有裂口即可，每平方米用水 12 千克左右。覆土能改变培养料中氧和二氧化碳的比例与菌丝体生长的环境，促进子实体的形成。覆土层下部土粒大，缝隙多，通气良好，利于菌丝生长。上层土粒小，能保持和稳定土层中的湿度。

②温度和湿度：20～25℃是菌丝生长的最适宜温度。低于 15℃，菌丝体生长缓慢；高于 30℃，菌丝体生长稀疏、瘦弱，甚至受害。调节温度的方法是：温度高时，打开门窗通风降温；温度低时，关门或暂时关闭 1～2 个空气对流窗。培养料的湿度为 60%～65%，空气相对湿度为 80%～90%。调节湿度的办法是：每天给菌床适量喷水 1～2 次；湿度高时，暂停喷水并打开门窗通风排湿。

③补充营养：当最初菌丝长得稀少时，用浓度为 0.25×10^{-6}～

$1×10^{-6}$的三十烷醇（植物生长调节剂）10毫升兑水 10 千克喷洒菌床。

④加强检查，经常保持空气流通，避免光线直射菌床。

⑤每采摘完一次成熟蘑菇后，要把菇窝处的泥土填平，以保持下一批菇的良好生长环境。

（二）沼渣栽培平菇

平菇是一种生命力旺盛，适应性强，产量高的食用菌，沼渣栽培平菇的技术要点如下：

1. 沼渣的处理　选用经充分发酵腐熟的沼渣，将其从沼气池中取出后，堆放在地势较高的地方沥水 24 小时，其含水率为 60%～70%时就可作培养料使用。注意不要打捞池底沉渣，以免带入未死亡的寄生虫卵。在沥水过程中，要盖上塑料薄膜，防止蝇虫产卵污染菇床。

2. 拌和填充物　由于沼渣是经长期厌氧发酵的残留物，大都成不定形状态，通气性差，因此用沼渣作培养料，需添加棉籽壳、谷壳、碎秸秆等疏松的填充物，以增大床料的空隙，有利于空气流通，满足菌丝生长发育的需要。沼渣与填充料的比例以 3∶2 为宜。填充料先加适量的水拌匀后，再与沥水后的沼渣拌和即可上床。如果用棉籽壳作填充料，必须无霉变，使用前要晾晒。

3. 菇床的选择　平菇在菌丝生长阶段，最适温度为 25～27℃，空气相对湿度为 70%，长菇阶段，最适温度为 12～18℃，培养料表面湿度和空气相对湿度为 90%左右。平菇对光线要求不高，有漫射光即可。菇床地一般选择通风的室内。如果菇床设在楼上的地面，需用塑料薄膜垫底保湿。菇床面宽 0.8～1.0 米，长度视场地而定，培养料的厚度 6.5～8 厘米。

4. 掌握播种期　平菇培养时间是 9 月下旬至第二年 1 月底，这 120 天之内均可播种。每 100 千克培养料点播菌种 4 千克。菌种要求菌丝丰满，无杂菌，菌龄最好不超过 1 个月。播种按 6.5 厘米见方点播，点播深度 3.3 厘米，每穴点蚕豆大小一块，播后用塑料薄膜覆盖，以保温、保湿。

5. 日常管理　平菇的菌丝体生长阶段是积累养分的阶段，水分和氧气需要量不大，因此需用薄膜盖好，以保湿保温和防止杂菌污染。一般每隔 7 天揭膜换气一次。当子实体形成后，需水量和需氧量增大，这时要注意通风和补充水分。当菌珠开始出现，菌床表面湿润，薄膜内有大量蒸发水时，应将薄膜支起通风。通风后如菌床表面干燥，可进行喷水管理。喷水的原则是天气干燥时，勤喷、少喷，雨天不喷。

6. 适时采收　在适宜条件下，从出菇到长成籽实体（供食用部分），需经过 7 天左右，籽实体长到八成熟即可采收。采收要适时，过早会影响产量，过迟会影响品质。第一批采收后，经过 15～20 天又可采收下一批。培养料接种后，一般可采收三、四茬平菇。

7. 追施营养液　收获一茬平菇后需追施营养液，以促进下批平菇早发高产。追施的方法是：用木棒在培养料表面打 2 厘米深的孔，用 0.1％的尿素溶液或 0.1％的尿素溶液加 0.1％的糖水灌注。

8. 病虫害的防治　在高温高湿的条件下，培养料容易生虫，长杂菌，发现杂菌生长，应及时挖净；发现虫害，可用 0.2％～0.3％的敌敌畏喷雾或用敌敌畏棉球熏杀，但要注意防止药害。

（三）沼渣瓶栽灵芝

灵芝的生长以碳水化合物和含碳化合物如葡萄糖、蔗糖、淀粉、纤维素、半纤维素、木质素等为营养基础，同时也需要钾、镁、钙、磷等矿质元素。沼气发酵残留物中所含的营养和元素能够满足灵芝生长的需要。利用沼渣瓶栽灵芝的技术方法和要点如下：

1. 沼渣处理　选用正常产气三个月以上的沼气池中的沼渣，其中应无完整的秸秆，有稠密的小孔，无粪臭。将沼渣烘至含水率 60％左右备用。

2. 培养料配制　由于沼渣有一定的黏性，弹性较差，通气性不好，不利于菌丝下扎。因此，需要在沼渣中加 50％的棉籽壳，以克服弹性差和透气性差的缺点。另外可加少量玉米粉和糖。配制时将各种配料放在塑料薄膜上用手拌匀。

3. 装瓶及消毒　用 750 毫升透明广口瓶装料，料装瓶高的四分之三处。要边装边拍，使瓶中的培养料松紧适度，装完后将料面刮平。然后用木棍在料面中央打一孔洞至料高的三分之二处，旋转退出木棍。装瓶后，将瓶倒立于盛有清水的容器中，洗净瓶的外壁，再将瓶提起并倾斜成45°角左右，让水进入瓶内空处，转动瓶子以清洗内壁。然后取出，揩干瓶口，塞上棉塞，蒸煮6小时，再消毒。蒸后在蒸笼里自然冷却。

4. 接种　接种前，接种箱和其他用具需先用高锰酸钾消毒。接种时，将菌种瓶放入接种箱内，先将菌种表面的菌皮扒掉，再用镊子取一块菌种，经酒精灯火焰迅速移入待接种的培养瓶内，放在培养料的洞口表面，塞上棉塞，一瓶就接种完毕。

5. 培养管理　接种后的培养瓶放在培养室里培养，温度控制在24～30℃（菌丝最适温度为27℃），相对湿度控制在80%～90%。发现有杂菌的培养瓶应予以淘汰。灵芝的菌丝在黑暗环境中均能生长，但在籽实体生长过程中需要较多的漫射散光，并要有足够的新鲜空气。

二、注意事项

1. 栽培食用菌的沼渣应在严格厌氧发酵条件下，至少应经过一个水力滞留期充分发酵后才能使用。

2. 栽培食用菌的沼渣应在好氧条件下至少存放一个水力滞留期，性能稳定后再使用。

三、相关知识

沼气微生物代谢产物可分为两部分，第一部分是沼气，它产生后自动与料液分离。第二部分是保存在发酵料液中的物质，这类物质又可分为三类。第一类是作物的营养物，第二类是一些金属或微量元素的离子，第三类是对生物生长有刺激作用、对某些病害有杀灭作用的物质（图5-2）。

第一类营养物是由发酵原料中的大分子物质被沼气微生物分解形成的，由于其结构相对较分解前简单，因此能够为作物直接吸收，能向作物提供氮、磷、钾等主要营养元素。

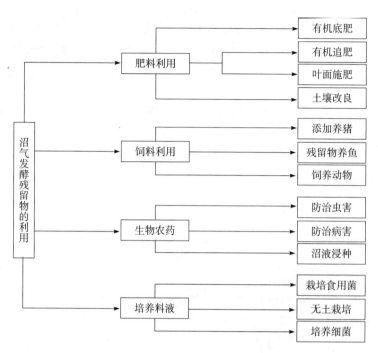

图 5-2　沼气发酵残留物综合利用

　　第二类物质原本也是存在于发酵原料之中的，只是通过发酵变成离子形式罢了。它们的浓度不高。在庭园沼气发酵系统中，沼液含量最高的是钙，可达到 0.02％，其次是磷，可达到 0.01％，此外铁可达到 0.001％。其他铜、锌、锰、钼等 0.001％。它们可渗透到中子细胞内，能够刺激发芽和生长。

　　第三类物质相当复杂，目前已经测出的这类物质有氨基酸、生长素、赤霉素、激动素、单糖、腐殖酸、不饱和脂肪酸、维生素及某些抗生素类物质。可以把这些东西称为"生物活性物质"。它们对作物生长发育具有重要刺激作用，参与了作物从种子萌发、植株长大、开花、结实的整过程。例如赤霉素、激动素可以刺激种子提早发芽，生长素能促进种子发芽，提高发芽率。在作物生长阶段，赤霉素可促进作物茎、叶快速生长，而生长素可使作物根深叶茂。干旱时，某些核酸、单糖可增强作物抗旱能力。在低温时游离氨基酸、不饱和脂肪酸可使作物免受冻伤。某些维生素能增强作物抗病能力。在作物生殖期，赤霉素等能诱发作物抽薹、开花，生长素则能有效防止落花、落果，提高坐果率。激动素对于防止作物衰老，防止棉花落铃、落果效果显著。

第二单元　沼肥的农田施用

学习目标：根据中小型沼气工程沼肥的基本特性，掌握沼肥农田施用的操作技能。

一、操作技能

（一）养分含量较高沼肥的施用

在春季施用于冬季作物（通常称"返青季"），对于小麦，早春季节适于表面施用沼肥，此时氮吸收率较高。对于玉米，建议在六月中下旬吸收率高时施肥。液肥适于用作二道肥。

（二）养分含量较低沼液的施用

在夏季（夏季作物生长尾期）或者秋季（冬季作物生长早期）施肥，因为在这个生长阶段作物养分吸收较少。在这一季节施用养分含量低的沼肥，可以降低养分流失到环境的风险，例如渗滤或夏秋季的大雨引起的径流损失。

（三）沼肥和有机氮肥相结合的施用

如果在同一作物季施用化肥和有机氮肥，两者的氮效率（被作物吸收的氮的百分比）同时提高。但是，沼肥和矿物氮肥不应该同时施用，而是需要一段时间间隔（至少1周）。否则，矿物氮可能会被固化（被微生物固定，因而不能被作物吸收），且温室气体排放可能增加（Möller等，2009）。为了达到高的氮利用效率，沼肥提供的化肥氮当量应该达到总氮肥施用量的50%，最高不超过75%。

（四）休耕与轮作田沼肥的施用

如果选择秋季收割完夏季作物后不种植冬季作物，那么应该最好结合播种冬季填闲作物（绿肥作物）。填闲作物可以将养分在冬

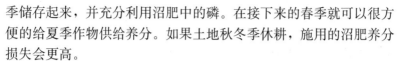

季储存起来，并充分利用沼肥中的磷。在接下来的春季就可以很方便的给夏季作物供给养分。如果土地秋冬季休耕，施用的沼肥养分损失会更高。

轮作时可以种植经济作物，将养分从土壤输出，产生有利效果。这可以用来防止长期施用沼肥于单一能源作物（例如玉米）引起的养分累积（Möller 等，2009）。

一般来讲，在中国许多农业区域使用的两季轮作系统是非常有利的，因为土壤几乎一年四季都被作物覆盖且一直在吸收养分（Möller 等，2009）。

（五）玉米种植的沼肥施用

玉米的氮肥需求量高达每公顷 $180\sim200$ 千克，考虑到土壤中残留的氮、氮的矿物质化和部分损失，剩下的氮肥需求为每公顷 $100\sim120$ 千克（Möller 等，2009）。如果使用降低损失的施肥技术，在播种前或玉米生长初期施肥的氮损失风险很低。尤其是玉米可以在四、六叶阶段非常高效的吸收有机和矿物质氮肥。在玉米生长阶段根据养分需求施肥可以节约大量的矿物氮肥（Möller 等，2009）

沼肥中含有的磷和钾都是 100% 可以被植物利用的，因而沼肥应该针对有氮和磷需求的作物或土壤。为了避免未处理沼肥中的致病菌和重金属污染，建议在稻田和果园施用沼肥。

（六）沼肥施用量

表 5-4 列出了以北京和华北平原为例的作物养分需求，分别为冬小麦-夏玉米轮作、果园和中等产出土地。

表 5-4 北京和华北平原区域小麦玉米轮作和果园作物养分需求

作物类型	粮食/果子产量（斤/亩）	平均氮需求量（斤/亩）	平均磷需求量（斤/亩）	平均钾需求量（斤/亩）
冬小麦	640	19	6	16
夏玉米	896	22	11	27
果园	3 150	15	10	21

注：数据基于土壤分析和农民调查（Heimann，2013）、文献数据（Zhang 等，2009）。1 斤＝500 克，1 亩≈667 米^2。

1. 在华北地区冬小麦-夏玉米两季轮作系统：143 米^3/（公顷·年）= 14.3 升/米^2（14.3 毫米）= 9.5 米^3/（亩·年）。施肥时应该分成几次并按照生长季施用。

2. 对于玉米：如果玉米的氮需求 100% 由有机肥提供，很容易大大超过作物的磷和钾需求。因此，在德国玉米最高的施用量是 35～40 米^3/公顷液态有机肥，余下以矿物氮形式通过在播种时定点或带状布置补足（Möller 等，2009）。

3. 在德国四年作物轮作的计算实例中，每年只施用 16 米^3/公顷沼肥（FNR，2010）。但是，德国沼肥由于含有大量能源作物和较少养猪场冲洗水，通常其养分含量高于中国沼肥。此外德国每年只种一季主要作物。

4. 通常德国农业实践时，稻谷施用 20 米^3/公顷，草地施用 30 米^3/公顷，玉米施用 40 米^3/公顷。但是，这是针对德国沼肥性质得到的，实际施用量应该基于计算得到的作物氮需求。

5. 对于华北地区的果园，建议施肥量为 87 米^3/（公顷·年）= 8.7 升/米^2（8.7 毫米）= 5.8 米^3/（亩·年）。春季施用最佳，建议施肥 2 次。

二、注意事项

1. 沼渣应在严格厌氧发酵条件下，至少应经过一个水力滞留期充分发酵后才能使用。

2. 应采用腐熟度好、质地细腻的沼渣。

3. 应根据作物的营养需求和生长需求进行配制。

三、相关知识

降低施用沼肥后氨损失的措施：

当施用沼肥时，时间很重要：在施肥后前 4 小时的氨损失可能达到总损失量的 50%。施肥 24 小时后，70%～80% 的氨损失已经发生。因此，沼肥被吸收得越快，气态氨损失就越低。降低沼液大田施用后的氨损失可以采用直接注入或者联合施用。浅耕可以防止土壤板结，加快沼液渗入土壤。表层施肥后降雨或者喷灌可以将叶子表面的沼液洗下，并使氨渗入土壤。

沼液施用在作物表层比直接注入土壤的氨损失风险更高。表层施用后用水稀释沼液可以帮助降低氨损失。但是沼液直接注入土壤或者采用下述的切割技术时不应加水稀释。一般来说，浓度低的沼液适合表层施用，而黏度高的沼液适合直接注入土壤。

大田施用沼肥采用液态肥罐车，通常配备减少逸出的施用设备（如拖管施肥装置），在作物对养分需求最高时施肥。接近地面的施肥技术比大面积喷洒的施肥技术更受青睐。沼液施用到土壤越深、施肥速度越快，氨损失就能避免得越多。

思考与练习题

1. 简述沼液无土栽培系统构造。

2. 如何选择无土栽培所使用的沼液？

3. 怎样正确选择沼液无土栽培的基质？

4. 如何优化沼液无土栽培技术？

5. 简要叙述沼液养鱼沼液的施用量。

6. 沼液养鱼的注意事项是什么？

7. 沼渣的主要营养成分是什么？

8. 蘑菇栽培料的配方及堆制方法是什么？

9. 如何调控蘑菇栽培的温度与湿度？

10. 怎样对沼渣栽培平菇进行日常管理？

11. 如何对沼渣瓶栽灵芝进行培养和管理？

第六章 培训与管理

随着中小型沼气工程的应用和普及，加强沼气后续服务能力建设，强化服务功能，提升沼气物管员技师的职业技能和综合素质，是加强中小型沼气工程的日常维护的技术保障。本章从沼气物管员的角度，重点介绍中小型沼气工程日常巡检应做的工作及经营好后续服务网点的有关知识。

第一节 宣传培训

学习目标：根据中小型沼气工程的工艺特点，编写沼气培训教案及用户管理指南。

第一单元 沼气培训教案的编写

一、教案编写

沼气培训教案是教师开课前对培训内容的具体设计，是精心组织好沼气技术培训，实现培训目的、任务的重要手段。培训教案可分为理论课和实训课两种培训教案，教师在授课前必须认真编写好培训教案。

（一）理论课培训教案的编写

1. 钻研培训教材　要钻研吃透培训教材内容，对所授内容做到融会贯通。明确培训目的，根据培训教材的要求确定培训的重点及难点，以便在培训中能突出重点、突破难点，深入浅出。依据培训教材，了解要求受训学员掌握的各项技能、能力的侧重面。掌握教材的科学性、实践性及系统性，明确各章节的衔接关系，使教材循序而学便于接受。

2. 明确培训目的 培训目的是培训过程结束时所要达到的结果，或培训活动预期达到的结果，是编写培训教案的灵魂。因此，在编写培训教案时，首先要明确培训目的，并紧紧围绕培训目的。让学员了解沼气装备的原理与结构，其目的就是使学员能对沼气装备进行正常使用及维护。

3. 突出培训重点 培训重点是依据培训目的，在对培训教材进行科学分析的基础上而确定的最基本、最核心的培训内容，是理论课培训中需要解决的主要矛盾，是培训的重心所在。突出培训重点是教师进行培训设计（备课）时必须面对和进行的工作，而能否突出重点是高效培训的前提，是提高理论课培训质量的重要保障和关键。

4. 突破培训难点 培训难点是指那些太抽象、离受训学员生活实际太远、过程太复杂、学员难于理解和掌握的知识、技能与方法。难点具有暂时性和相对性。难点内容一旦经过培训被学员理解和解决了，难点就不复存在了，这就是难点的暂时性。同一知识与技能对一部分学员可能是难点，而对另一部分学员就可能不是难点，这就是难点的相对性。所以，教师在编写培训教案时要深入了解受训学员的接受能力，因材施教，突破难点。

5. 采用启发式培训 启发式培训，就是根据培训目的、内容、受训学员的知识水平和知识规律，运用各种教学手段，采用启发诱导办法传授知识、培养技能，使学员积极主动地学习。认真贯彻启发式培训原则是增强培训效果的有效途径。

6. 采用多媒体培训 多媒体培训技术作为辅助培训手段，以其软件多方位、立体化的开发和利用，以及贮存信息量大、画面丰富、多媒体综合运用等特点，在培训过程中为受训学员建立了一个音形并茂、图文兼顾、动静结合的培训环境，开阔学员的视野，丰富学员的想象力，调动学员的学习兴趣，从而大大提高培训效率。因此要求教师平时注意多学一些电脑操作方法，或在计算机专业人员的配合下共同完成课件的制作。

7. 精心设计板书 随着科学技术的发展，许多现代化的教学手段已经走入课堂，但是板书在教学中仍起着不可替代的作用，板书内容构成直接影响板书质量和教学效果。因此，教师应对板书内容进行精心设计，使其达到科学、精炼、易懂、易记。

8. 设计培训过程　精心设计培训过程是对培训进行整体优化，是在一定的培训条件下寻求合理的培训方案，使教师和学员花最少的时间和精力获得最好的培训效果，使学员获得更多的知识及技能。

9. 反复修改教案　培训教案编写完成后应反复修改，广泛征集多方建议，并通过实际培训，发现问题，不断修改，日臻完善。

(二) 实训课培训教案的编写

实训课教案的基本内容，一般包括课题名称、实训目的、实训重点和难点、实训组织形式、实训进程（含讲述内容、示范内容、操作内容、学员实训场地和实训任务分配、培训方法运用、板书设计）、实训器材和技术资料准备等内容。

1. 课题名称　实训课的题目，一般与培训教材上所列题目相一致。当实训内容较多，需用的课时也较多时，每个所涉及的实训内容可由培训教师自己总结，归纳出一个题目。

2. 实训目的　实训目的一般要从四个方面考虑：其一，考虑教给学员哪些实际知识，培训哪方面的实际操作能力和技能、技巧；其二，考虑让学员能运用知识分析实际问题，解决实际问题的能力；其三，考虑让学员在实训过程中完成哪些操作任务；其四，考虑对学员进行哪一方面的安全教育。

3. 实训重点　实训的重点，是为了达到确定的实训目的而必须着重讲解、示范和训练的内容，就是要求学员需要重点掌握的技能或技巧，在编写教案时重点准确，才能在实训中突出重点，解决好实训的主要矛盾。

4. 实训难点　实训的难点就学员的接受情况而言的，学员难以理解，难以掌握的操作知识、技能和技巧，即可确定为实训的难点，实训时就能恰当地处理教材，从而更好地达到克服难点的办法，就能扫除学员掌握技能、技巧的障碍。

5. 组织形成　实训课教学过程一般分为练习操作、辅导操作、独立操作三个训练阶段。沼气技术培训的组织形式应因地制宜，根据实训场地、设备、仪器、仪表等多种因素而确定实训课的组织形式。条件较好时应尽量采用在培训教师的指导下进行独立操作的实训组织形式，有利于学员的训练和对知识、技能的掌握。

6. 实训进程 实训进程的设计是编写教案的主体，实训课指导教师在编写教案时应当精心设计实训方法和板书。设计实训进程要做到围绕实训的目的和要求，兼顾学员情况。在实训准备阶段深入钻研教材，掌握并精通教材内容及实训课具体训练内容，恰当安排好每个实训环节。实训方法（讲授法、演示法、操作练习法、讨论法、参观法和多媒体教学法等）的运用要因地制宜，在编写实训教案时，应充分考虑好运用哪种或哪几种教学方法。

7. 安全教育 在编写实训课培训教案时，千万不可忽视安全教育。在实训课教学中，要对学员进行安全教育，其中包括安全使用沼气、安全用电、安全使用沼气装备、安全操作等。

二、注意事项

1. 在编写理论课培训教案时注重理论联系实际，突出能力和技能培养。

2. 在编写沼气培训教案时应采取因材施教的培训原则，从实际出发，根据培训对象的年龄、文化程度、能力结构及思想状况出发，才能收到良好的培训效果。

3. 在编写实训课培训教案时应因地制宜，采用灵活多变的培训原则，将项目实施与培训、专家面授与多媒体、典型示范与现场参观相结合，充分聚集培训的正能量，提高培训效益。

4. 编写培训教案要详略得当，对重点内容要写得详细一些，对非重点内容和具有提示性的内容可稍简略地写。

5. 加强培训组织管理，重视安全教育，避免受训人员发生意外事故。

三、培训原则

1. 启发式培训 教师在编写培训过程时，要注意设疑启发，以激发学员兴趣。教师要科学设计问题，组织学员展开讨论，让学员成为课堂的主人，教师要始终以导学为主，以学员为主体，注重培养学员的兴趣和自主学习的能力。

2. 理论联系实际　组织培训要突出培训的实效性，强调理论培训与现场培训相结合，理论内容与动手操作相结合，学以致用，才能真正达到培训的目的。

3. 因材施教　教师在编写培训教案时，要根据学员的实际接受能力而展开教学，深入浅出。

4. 项目实施与培训相结合　国家每年都在沼气工程上投入大量资金，以支持农村沼气发展和改善环境的需要，充分利用项目支持机会，开展沼气技术培训既能推动项目的完成，又能实现沼气培训的目的。

5. 典型示范与现场参观相结合　现场参观具有形象、生动、印象深刻等特点，特别对于一些听不明白的较难问题，通过参观可以立刻有所成效，在条件允许的情况下要多利用这种培训方式。

第二单元　用户管理指南的编写

一、用户管理指南的编写

中小型沼气工程的运行管理需要多工种的配合，为了加强用户管理，建立健全沼气工程运行管理规章制度，实现科学、合理、规范的运行管理体系，以保证沼气工程的安全、稳定、高效运行，而编写用户管理指南。由于沼气工程的运行都要因地制宜建立各自相应的管理制度，同时运行管理人员必须严格按照管理制度进行工作，才能确保沼气工程安全、长效运行。因此，编写用户管理指南显得尤为重要。用户管理指南主要涵盖以下内容：

1. 安全及消防要求的规定及规范。
2. 前处理系统运行操作规范。
3. 厌氧消化系统运行操作规范。
4. 沼气净化系统操作规范。
5. 输、储气系统运行操作规范。
6. 沼气安全利用操作规范。

7. 沼肥安全生产技术规范。

8. 操作工、分析工、电工、维修工、管理员等工种操作技术规范。

二、注意事项

1. 编写用户管理指南首先应突出"安全第一"的主导思想，并把安全教育、管理、操作、警示写入相应的规范及岗位责任制之中。

2. 编写用户管理指南时，要以国家或地方沼气工程管理规范为依据，因地制宜，制定各自的管理规章制度。

3. 管理规章制度不可全部照搬照抄，要根据各沼气工程的特点及管理、操作人员的水平编写相应的用户管理指南。

第二节 经营管理

学习目标：根据中小型沼气工程的工艺特点，制定并落实沼气站岗位职责。

第一单元 沼气集中供气站管理制度

一、沼气集中供气站管理制度

(一)沼气站负责人岗位责任

1. 必须任用工作能力强、勤奋好学、尊重科学并对本职工作认真负责的人员担任，上任后尽快熟悉沼气工程处理工艺和设施、设备的运行要求与技术指标，并持证上岗。

2. 科学合理的安排工作，带领全班人确保沼气工程能安全、正常、高效运行。

3. 建立健全运行管理、岗位责任和操作规程等管理制度，并公示于显著位置。

4. 强化对运行管理人员和操作人员进行系统安全教育，培训安全防护基本技能，并制定应对突发事故的紧急预案。

5. 定时检查沼气工程运行是否正常，发现故障及时排除，确保工程正常运行。

6. 带领全班人严格执行已订管理制度，并依运行实际情况，日臻完善各项制度，确保各项工作管理制度顺利实施。

7. 不断改善工作人员的工作环境，各种设施、设备应保持整洁，建立日常保养、定期维护和大修三级维护保养管理制度。

（二）沼气站管理人员岗位责任

1. 严格遵守管理区内的各项规章制度，确保生产区内工作人员 24 小时不脱岗。

2. 沼气工程站内应装备消防器材、保护性安全器具等防护设备。

3. 中小型沼气工程站内醒目位置应设立禁火标志，严禁烟火和违章明火作业。

4. 外来人员未经许可不得进入沼气生产区，禁火区 30 米内严禁动用明火、吸烟、燃放烟花爆竹等，严禁在沼气生产区内使用电炉、电饭锅、白炽灯等非防爆电器，以防意外事故发生。

5. 对生产、输送、储存沼气的设施应做好安全防护，维修各种设备时必须切断电源，并应在控制箱外挂维修警示牌。

6. 维修厌氧消化装置和储气装置时，应打开人孔与顶盖，强制通风 24 小时后，进行活禽试验，确保无有害气体后，检修人员方可进入。池外应有人进行安全保护，防止意外发生。

（三）进料工及机修工的岗位职责

进料是沼气工程运行中的重要环节，进料好坏直接关系到产气量的多少，所以进料工一定具备高度的责任心和自觉性，特制定下列职责：

1. 进料工首先要掌握好进料的浓度、温度、质量等设计参数后，方可进料。

浓度：热季（5～9 月）TS 为 5％左右；寒季（10～4 月）TS 为 6％～7％。

温度：热季进料 25～28℃，寒季加温至 38～45℃方可进料，保持塔内温度为 28～32℃。

2. 每天早、晚进料各 1 次，每罐每次进料的投配率为 4％～5％，或按需要进料，每罐每次进料不能超过 5％。

3. 进料后必须对厌氧罐、计量室进行巡视，防止只进不出引起厌氧罐爆裂，顶上水封槽冲料等现象发生，一旦发现问题，应及时给予处理。

4. 启动 2 个月后每 3～5 天应排放污泥一次，防止发生管路堵塞、料进不去、排不出等情况。

5. 进料泵是定转子的真空泵，所以不能有杂质吸入，不能空转、倒转，这样容易出现断销、机械损坏，或吸不上料等事故发生，及时更换泵的油盘根、密封圈，保持泵正常运行。

（四）控制室管理人员岗位责任

1. 定期巡视控制仪器和显示记录仪表，发现异常情况应及时采取措施。

2. 接触器、继电器的接触点应定期检查和更换，定期校验计量器具和微电脑时控开关。

3. 各类检测仪表的传感器和转换器应按要求清污除垢。电缆终端的夹钳应定期检查，保证接触紧密和无锈蚀。

4. 使用酒精、清洗剂、超声波等清洗仪器仪表零部件，确保部件清洁、表盘标尺刻度清晰、铭牌、标记、铅封完好。

5. 仪器、仪表的维修工作应由专业技术人员负责。贵重仪器的维修应与专业维修部门或生产厂家联系处理，不得随意拆卸。

6. 检修应在设备断电的情况下进行。当发现某个工序故障警报或设备因故障跳闸时，应立即停机检修，在排除故障后方可重新合闸。

7. 应保持控制室与各工序的联系畅通。检修时应挂检修牌明示。

（五）化验员岗位责任制

1. 负责每天所规定进行的化验及记录，监视消化池运行情况，保证一线生产的正常运行。

2. 各种数据要准确无误，每天上报一次，月底负责整理存档，有紧急情况及时上报。

3. 负责化验室内各种仪器、电器的维护保养。

4. 负责化验室所需各种化学药品和用具的正常使用和保管。

5. 一切试剂、药品必须有明显的标签，强酸、强碱、剧毒废液要按规定处理。

6. 一切化验测定工作及仪器的使用都要按操作规程进行。

7. 保证化验室的整齐、清洁和卫生。

(六)电工岗位责任制

1. 持证上岗，无证人员不得管理和装拆一切电气设备。

2. 保证生产及生活用电正常供用，负责电器、仪表设备的正常运行。

3. 下班后出现电器故障，电工要随叫随到，及时处理。

4. 在维护、保养及检修时要尽量节约，要严格遵守电器设备的修复及更换的相关准则。

5. 经常巡回检查各类电器设备的运行状况，防患未然，发现故障立即排除。

6. 湿手、赤足不得接触一切电气设备，开油开关时必须戴好绝缘手套，并要人站在侧面开，以防触电与电火花伤人。

7. 使用水管冲水，清洗地面及护网时，当心水冲到电气设备上，防止触电、火灾及设备损坏。

8. 下雨天不准在露天使用移动电具。

9. 电气设备或线路起火不可用水或酸碱泡沫灭火器扑救，应首先切断电源，而后用二氧化碳、干粉灭火器灭火。

10. 不准在电气设备载负荷的情况下，合闸或插上保险丝。

二、注意事项

1. 制定沼气站各岗位责任制首先要突出"安全第一，预防为主，防患未然"的主导思想。

2. 要以国家或地方沼气工程管理规范为依据，制定各自的岗位责任制度。

3. 建立健全沼气站各岗位责任制度不能仅流于形式，重在贯彻、落实、执行。

三、相关知识

（一）格栅管理工作规范

1. 格栅拦截的杂物应及时清除，杂物应堆放在指定地点，并采取适当处置措施。

2. 畜禽场排污时，应每 2 小时检查一次格栅的情况，及时清理格栅。

3. 应定期检修、保养格栅，对于破损的要及时更换。

4. 人工清掏杂物时，应注意防滑。

（二）集水池和调节池管理工作规范

1. 集水池和调节池的液位应不得低于潜污泵的最低水位线。

2. 操作人员应每班巡回检查、捞浮渣。

3. 清捞出的浮渣应集中堆放在指定地点，处理后用作有机肥原料。

4. 正常运转后，集水池和调节池应每年放空、清理一次。

5. 排沼渣时，应检查阀门启、闭状态是否正常。寒冷地区应设置防冻阀门井。

6. 清捞浮渣、清扫堰口时，应注意防滑。

（三）潜污泵管理工作规范

1. 应选配符合国家相关质量标准的合格的潜污泵，按照一用一备原则配备。

2. 在运行中，应严格执行巡回检查制度，注意观察潜污泵运行是否正常、稳定；轴承温度最高不得超过 75℃；泵防水电缆应可靠固定。

3. 应根据来水量的变化调节进水量，保证潜污泵不干转。

4. 应定期检查潜污泵、阀门填料或油封密封情况，定期更换填料、润滑油、润滑脂，及时清除泵叶轮堵塞物。

5. 备用泵及相关阀门应每周至少运转、开闭一次。当环境温度低于 0℃时，泵停止运转后，应放掉泵壳内的存水。

6. 泵启动或运行时，操作人员不得接触转动部位，运行稳定后，方可离开。

7. 当泵房突然断电或设备发生事故时，应首先切断电源，将进水口处闸阀全部关闭，并及时上报，未排除故障前不得擅自接通电源。

8. 潜污泵运行中出现故障，应及时处理。

第二单元　沼气集中供气站的管理

一、沼气集中供气站的管理

（一）沼气站设备操作规程

操作者必须经培训熟悉沼气站设备的一般性能和结构，才能持证上岗。

1. 保持设备清洁

（1）必须保持设备与设施的清洁整齐，在粉碎机、搅拌机、泵、净化器、配电箱、控制柜、开关等设备上没有尘埃、油污或其他残余物滞留。

（2）经常打扫设备室卫生，清除地面积水及油污，保持设备房通、干燥，防止设备被腐蚀。

（3）配电箱、控制柜、空气开关门应紧闭不能敞开。

2. 设备启动前应检查以下情况

（1）了解前一班设备运转记录情况。

（2）检查有无妨碍设备启动的障碍物。

（3）各种设备是否完好，导线敞露部分有无破损。

（4）沼气有无泄漏，是否有相应的足够的灭火器材，电器设备及其导线附近有无易燃物品，以及其他能损害设备和引起火灾物品。

3. 设备启动时的注意事项

（1）检查各部传动装置和运转装置是否正常。

（2）检查设备启动初运行是否正常。

（3）按下按钮后设备不工作或有其他异样，应立即停机、切断电源，待故障排除后重新启动。

4. 设备运行中应注意的问题

（1）设备有无异常振动和不正常音响或发热现象。

（2）搅拌机、粉碎机、泵等设备在运行中有无被缠绕或堵塞现象。

（3）检查电机与导线、开关与导线接触处有无启弧现象。

5. 设备停止时应注意事项

（1）停机应在设备无负荷的情况进行。

（2）检查设备设施有无异常现象。

（3）所有电机停止运转后要切断电源。

（二）沼气站安全运行操作规程

1. 沼气站必须对新进站的人员进行系统的安全教育，并建立定期的安全学习制度。

2. 沼气站应在明显位置配备消防器材和防护救生器具及用品。

3. 应制定火警、易燃及有害气体泄漏、爆炸、自然灾害等意外突发事件的紧急预案，应在主要设施醒目位置设立禁火标志，严禁烟火。

4. 运行管理人员和安全监督人员必须熟悉沼气站存在的各种危险、有害因素和由于操作不当所带来的危害。

5. 各岗位操作人员上岗时必须穿戴相应的劳保用品，做好安全卫生工作。

6. 对产生、输送、储存沼气的设施应做好安全防护，严禁沼气泄漏或空气进入厌氧沼气池及沼气储气、配气系统；严禁违章明火作业；储气柜蓄水池内的水严禁随意排放；冬季防冻，以防罐内产生负压损坏罐体；当水封的水 pH 小于 6 时及时换水；外表注意防锈。

7. 厌氧沼气池溢流管必须保持通畅，应保证厌氧沼气池水封高度，冬季应每日检查。环境温度低于 0℃ 时，应防止水封池结冰。

8. 凡在对具有有害气体或可燃气体的构筑物或容器进行放空清理和维修时，应打开人孔与顶盖，采用强制通风措施 48 小时，采用活体小动物进行有害气体检测无误后检修人员方可进入，维修过程中连续通风至维修结束，且池外必须有人进行安全保护，防止意外发生。

9. 电源电压波幅大于额定电压 5％时，不宜启动电机。电器设备必须可靠接地。操作电器开关，应按电工安全用电操作规程进行。信号电源必须采用 36 伏安全电压以下。

10. 沼气站严禁烟火，并在醒目位置设置"严禁烟火"标志；严禁违章明火作业，动火操作必须采取安全防护措施，并经过安全部门审批；禁止石器、铁器过激碰撞。操作人员应熟练掌握，并会使用灭火器。

11. 各种设备维修时必须断电，并应在开关处悬挂维修标牌后，方可操作。

12. 上下爬梯，在构筑物上及敞开池、井边巡视和操作时，应注意安全，防止滑倒或堕落，雨天或冰雪天气应特别注意防滑。

13. 清理机电设备及周围环境卫生时，严禁开机擦拭设备运转，冲洗水不得溅到电缆头和电机带电部位及润滑部位。

14. 严禁非专业人员启闭有关的机电设备。

15. 设备、设施维护保养按设备说明书进行。

16. 避雷针每年应在雷雨季节前保养一次。

17. 沼气发电时间严格按现场调试获得的数据执行，不得超时发电。

（三）沼气厌氧消化池安全操作规程

1. 运行管理规范

（1）启动调试厌氧消化池应符合下列规定：

① 厌氧消化池、管道、阀门及设备应试水、试压合格，底部沉砂应完全清除。

② 沼气装置启动应按照菌种：原料：水＝1：2：5 的比例进行配料。

③ 沼气启动菌种应采用其他厌氧消化池的沼渣或商品菌剂进行接种，接种量应不低于厌氧消化池有效容积的 10％，接种物料不足时应采用逐步培养法进行扩大培养。

④启动料液的 pH 应调节在 6.8～7.4。

（2）厌氧消化池进料应按设计工艺要求的进行，禁止将含有毒

物质的原料进入消化池。

（3）中小型厌氧消化池宜采用热交换器加热，定期测量热交换器进、出口的水温和水量，使厌氧消化池料液温度维持在中温或近中温范围内。

（4）厌氧消化池宜每天早晚各进料一次，每天至少回流搅拌2次，每次1小时。

（5）应每天监测和记录厌氧消化池内料液的pH、温度、产气量和沼气成分，并根据监测数据，及时调整运行工况，维持其正常运行。

（6）应定期排出厌氧消化池的沼渣，排渣量由双置排渣阀控制，里侧为常开阀门，常开阀应每周开闭一次，以保证阀门始终处于良好的工作状态。

（7）应保持厌氧消化池溢流管畅通和水封高度。环境温度低于0℃时，应防止水封水结冰。

（8）厌氧消化池放空清理时，应停止进料，关闭厌氧消化池与储气柜的连接阀门，打开厌氧消化池顶部检修人孔，排空发酵物料。

（9）工作人员进入厌氧消化池清理时，应按相关标准的规定进行操作。

（10）厌氧消化池长时间停用时，应保持消化池内水位不低于池体高度的1/2。

2. 维护保养制度

（1）厌氧消化池池体、各种管道及阀门应每年进行一次检查和维修；厌氧消化池的各种加热设施应经常除垢、清通。

（2）沼气管道的冷凝水应按设计规定定期排放。

（3）厌氧消化池运行3～4年，应彻底清理、检修一次。

3. 安全操作准则

（1）厌氧消化池运行过程中，应确保沼气和料液管路畅通，严禁超压或负压运行。

（2）应定期检查厌氧消化池和沼气管道是否泄漏，保证安全。

（3）厌氧消化池放空清理和维修时，应首先关闭通往沼气储气柜的阀门，停止进料，打开顶部的人孔，排料清池，待液面降至下部检修人孔以下，再打开下部检修人孔。

（4）进入厌氧消化池内维修时，应采取安全措施，并应有其他人员在池外协作与监护，照明灯应采用安全防爆型灯具。

（5）厌氧消化池排渣时，应保证厌氧消化池与储气柜联通，防止气压突变，导致装置损坏。

（6）操作人员在厌氧消化池与储气柜上巡回检查时，应注意防滑及高空坠落造成人身伤害。

（7）对利用不完的沼气或需要放空的沼气应通过沼气应急燃烧器燃烧后排放。

（四）沼气输配系统安全操作规范

1. 运行管理

（1）沼气气水分离器、凝水器中及沼气管道的冷凝水应定期排放，排水时应防止沼气泄漏。气应尽可能的充分利用，多余沼气用火炬燃烧；检修沼气净化装置或更换脱硫剂时，应依靠旁通阀维持沼气输配系统正常运行。

（2）阻火净化分配器：应经常观察输出沼气压力是否为设定压力，通过调节减压阀，达到所需压力，三天一次打开底部排水阀进行排水，排水结束关闭阀门。

（3）应保持供气管道通畅和管道内沼气的正常压力。

2. 维护保养

（1）每周应检查输气管道、阀门是否泄漏，检查输气系统设备及装置有无异常声响和泄漏，检查仪表读数是否正确。

（2）检查安全阀是否正常卸压，并排放冷凝水。

（3）寒冷地区冬季应做好输气管网的保温、防冻工作。

（4）定期对沼气输配系统的管道运行除锈、防腐和保温作业。

（5）维修及更换进气阀时切记防止任何杂物落入管道。

3. 安全操作

（1）操作人员巡视或操作维修时，不得穿带铁钉的鞋子。

（2）保养、维修时应断电、关闭前端阀门，并在关闭的电源闸门、阀门上悬挂明显警示标志，严禁违章明火带电作业。

（3）在沼气供气输配系统 30 米范围内严禁烟火。

二、注意事项

1. 根据沼气集中供气站的设计规模设置工作岗位，并建立健全各项管理规章制度。

2. 在制定沼气集中供气站的安全运行操作规程时，因注重其科学性、实用性及可操作性。

3. 沼气为易燃易爆、有毒性气体，因此在制定操作规程中，始终应突出"安全第一，预防为主"方针，从源头上杜绝事故的发生。

4. 安全操作规程经过实施一段时间后，如有不妥之处，应及时修改，使其日臻完善。

三、相关知识

（一）沼气净化设备管理工作制度

1. 沼气净化设备应一备一用。

2. 应定期检查脱硫塔的气密性、塔前塔后的沼气压力，每周对旁通阀门和备用脱硫塔的阀门进行开、闭运转。

3. 采用 Fe_2O_3 脱硫剂时，应定期再生或更换。

4. 应定期排除气水分离器、凝水器及沼气净化设备中的冷凝水，排水时应防止沼气泄漏。

5. 在清理沼气净化系统时，应打开旁通阀门，并检查原阀门是否完全关闭后，方可进一步操作。同时，应注意防火、防爆及室内通风。

6. 净化设备检修时，应依靠旁通管道维持沼气系统正常运行。

（二）沼气贮存设备管理工作制度

1. 沼气工程运行中，应定时观测沼气储气柜的沼气量和压力，并做好记录；

2. 应定时对储气柜水封池补充清水，使其保持设计的水位高度。冬季气温低于 0℃时，应采取防冻措施；

3. 应定期检查沼气储气柜、沼气管道及闸阀是否漏气。

4. 应经常检查沼气储气柜的升降设施和进出气阀门，及时补充润滑油（脂）。

5. 应定期检测储气柜水封池存水的 pH，当 pH＜6 时，应及时换水。

6. 沼气储气装备运行 3～5 年，应彻底维修一次，钟罩每 2 年应重新刷防护油漆或涂料涂饰。

7. 沼气储气柜的安全防护和操作应采取安全措施，并应有其他人员在柜外协作与监护，应采用安全防爆型照明灯。

8. 排除沼气储气柜故障，应制定安全技术方案，由专业施工队伍进行施工。

9. 储气柜的进、出气管应安装阻火器，并应定期拆卸清洗。

10. 储气柜的避雷针应在雷雨季节前进行检修、保养。

（三）沼肥施用管理工作规范

1. 中小型沼气工程生产的沼液和沼渣宜按照就地就近利用原则，直接运至农业生产区作肥料。

2. 施用沼液和沼渣前，应检测沼液和沼渣的 pH 和主要成分，避免有害成分对农作物的危害。

3. 沼液和沼渣的施用量应根据土壤养分状况和作物对养分的需求量确定。

4. 沼液宜用作农作物浸种、根际追施或叶面喷施，施用前应储存 5 天以上时间，高浓度沼液应适当稀释后施用。

5. 沼渣宜用作农作物的底肥、追肥、育苗基质、营养土、复合肥原料及养殖蚯蚓等，允许有害物质含量应符合《农用污泥中污染物控制标准》（GB 4284—84）的规定，必要时应进行无害化处理。

思考与练习题

1. 如何编写沼气培训教案？

2. 简要回答用户管理指南的编写方法。

3. 沼气站负责人岗位责任的细则是什么？

4. 沼气站管理人员岗位责任制度是什么？

5. 沼气站进料工及机修工岗位责任的细则是什么？

6. 控制室管理人员岗位责任制度的具体内容是什么？

7. 沼气站设备操作规程是什么？

8. 沼气站安全运行操作规程的具体内容是什么？

9. 沼气输配系统安全操作规范的细则是什么？

附　　录

附录 1　农业行业标准《沼气物管员》(NY/T 1912—2010)

1　范围

本标准规定了沼气物管员职业的术语和定义、基本要求、工作要求。

本标准适用于沼气物管员的职业技能培训鉴定。

2　术语和定义

下列术语和定义适用于本标准。

2.1　沼气物管员

从事农村户用沼气池、小型沼气工程、生活污水净化沼气工程和大中型沼气工程的工程运行、工程管理、设备维护、技术指导及生产经营管理的人员。

3　职业概况

3.1　职业等级

本职业共设三个等级，分为高级（国家职业资格三级）、技师（国家职业资格二级）、高级技师（国家职业资格一级）。

3.2　职业环境条件

室内外，常温。

3.3　职业能力特征

具有一定的观察、判断、识图能力，四肢健全，手指、手臂灵活，动作协调。

3.4　基本文化程度

初中毕业。

3.5　培训要求

3.5.1　培训期限

根据全日制职业学校教育及其培养目标和教学计划确定晋级培训期限：高级不少于 150 标准学时，课堂教学和现场实习学时数比例为 1∶1；技师及高级技师培训时间不少于 200 学时，课堂教学和实验现场实习时间学时数比例为 1∶1。

3.5.2　培训教师

培训高级沼气物管员的教师应具有本职业技师以上职业资格证书或相关专业中级以上专业技术职务；培训技师、高级技师的教师应具有本职业高级技师职业资格证书或相关专业高级专业技术职务。

3.5.3　培训场地与设备

满足教学需要的标准教室，具有户用沼气池、小型沼气工程、生活污水净化沼气工程或大中型沼气工程的培训模型或施工现场，以及抽渣车、检测仪器、维修工具和必要的分析、化验、试验条件。

3.6　鉴定要求

3.6.1　适用对象

从事或准备从事本职业的人员。

3.6.2　申报条件

——高级（具备以下条件之一者）

（1）取得沼气生产工初级职业资格证书后，连续从事本职业工作 5 年以上，经本职业高级培训达规定标准学时数，并取得毕（结）业证书。

（2）取得沼气生产工中级职业资格证书后，连续从事本职业工作 2 年以上，经本职业高级培训达规定标准学时数，并取得毕（结）业证书。

（3）从事沼气相关工作 6 年以上，经本职业高级培训达规定标准学时数，并取得毕（结）业证书。

（4）取得大学专科相关专业毕业证书，连续从事本职业工作 1

年以上。

——**技师**（具备以下条件之一者）

（1）取得本职业高级职业资格证书后，连续从事本职业工作 2 年以上，经本职业技师正规培训达规定标准学时数，并取得毕（结）业证书。

（2）取得本职业高级资格证书后，连续从事本职业工作 5 年以上。

（3）取得大学本科相关专业毕业证书，并连续从事本职业工作 2 年以上。

——**高级技师**（具备以下条件之一者）

（1）取得本职业技师职业资格证书后，连续从事本职业工作 2 年以上，经本职业高级技师正规培训达规定标准学时数，并取得毕（结）业证书。

（2）取得大学本科相关专业毕业证书，并连续从事本职业工作 5 年以上。

（3）取得硕士研究生相关专业毕业证书，并连续从事本职业工作 1 年以上。

3.6.3 鉴定方式

分为理论知识考试和技能操作考核。理论知识考试采用闭卷笔试方式，技能操作考核采用现场实际操作方式。理论知识考试和技能操作考核均实行百分制，成绩皆达 60 分及以上者为合格。理论知识考试合格者方可参加技能操作考核。技师和高级技师还需进行综合评审。

3.6.4 考评人员与考生配比

理论知识考试考评人员与考生配比为 1：30，每个标准教室不少于 2 人；技能操作考核考评员与考生配比为 1：10，且每次考评不少于 3 名考评员。

3.6.5 鉴定时间

理论知识考试为 90 分钟，技能操作考核不少于 60 分钟。

3.6.6 鉴定场所设备

理论知识考试在标准教室里进行，技能操作考核场所应具备户用沼气池、小型沼气工程、生活污水净化沼气工程或大中型沼气工程的模型或实物，并具有抽渣车、维修工具、检测仪器以及其他必要的考核鉴定条件。

4　基本要求

4.1　职业道德

4.1.1　职业道德基本知识

4.1.2　职业道德守则

（1）文明礼貌

（2）爱岗敬业

（3）诚实守信

（4）团结互助

（5）勤劳节俭

（6）遵纪守法

4.1.3　职业道德修养

4.2　基础知识

4.2.1　专业基础知识

（1）常用建筑材料知识

（2）建筑施工工艺知识

（3）沼气发酵基础知识

（4）沼气常用设备知识

（5）户用沼气原理、结构

（6）沼气工程技术基础知识

（7）物业管理基本知识

（8）沼气生态农业常识

4.2.2　安全知识

（1）防火、防爆知识

（2）窒息及急救知识

（3）施工安全知识

（4）安全使用沼气知识

（5）安全用电知识

(6) 设备安全运行知识

(7) 安全标示常识

4.2.3　法律知识

(1)《中华人民共和国合同法》相关常识

(2)《中华人民共和国消费者权益保护法》相关常识

(3)《中华人民共和国劳动法》相关常识

(4)《中华人民共和国节约能源法》相关常识

(5)《中华人民共和国环境保护法》相关常识

(6)《中华人民共和国可再生能源法》相关常识

5　工作要求

本职业对高级、技师、高级技师的技能要求依次递进，高级别涵盖低级别的内容。

5.1　高级

职业功能	工作内容	技能要求	相关知识
一、发酵装置运行维护	（一）户用沼气原料预处理	1. 能预处理户用沼气发酵原料 2. 能进行原料配比	1. 常见发酵原料种类及预处理知识 2. 原料与接种物配比知识
	（二）户用沼气日常运行	1. 能完成日常进、出料 2. 能完成料液搅拌 3. 能给沼气池保温	1. 沼气池日常管理知识 2. 沼气池保温知识
	（三）户用沼气故障诊治	1. 能诊断沼气池故障 2. 能排除沼气池故障 3. 能检修病态沼气池	1. 病态池的判断与排除知识 2. 发酵故障和排除知识 3. 病态沼气池检修知识
	（四）户用沼气安全生产	1. 会使用防爆灯 2. 会使用防护服 3. 能填埋损毁沼气池	1. 防爆灯使用知识 2. 防护服使用安全常识 3. 损毁沼气池产生原因
二、输配装备运行维护	（一）户用沼气工艺管道维护	1. 能维护户用沼气输气管路 2. 能处理户用沼气输气管路故障	1. 户用沼气管路构造知识 2. 户用沼气管路安装知识

（续）

职业功能	工作内容	技能要求	相关知识
二、输配装备运行维护	（二）户用沼气净化装置维护	1. 能维护户用沼气脱硫器 2. 能处理户用脱硫器故障 3. 能维护户用沼气脱水器 4. 能处理户用脱水器故障	1. 户用沼气脱硫器构造知识 2. 户用沼气脱硫器安装知识 3. 户用沼气脱水器构造知识 4. 户用沼气脱水器安装知识
	（三）户用沼气监控设备维护	1. 能维护户用沼气压力表 2. 能维护温度测定仪	1. 沼气压力表构造和原理 2. 温度测定仪构造和原理
三、使用装备运行维护	（一）沼气燃具维护	1. 能维护沼气灶 2. 能维护沼气饭煲 3. 能维护沼气热水器	1. 沼气灶构造和原理 2. 沼气饭煲构造和原理 3. 沼气热水器构造和原理
	（二）沼气灯维护	1. 能维护沼气灯 2. 能处理沼气灯故障	1. 沼气灯构造和原理 2. 沼气灯安装知识
四、配套装备运行维护	（一）检测设备维护	1. 会使用便携式沼气分析仪 2. 会使用便携式 pH 测定仪	1. 便携式沼气分析仪构造和原理 2. 便携式 pH 测定仪构造和原理
	（二）户用沼气搅拌装备维护	1. 能检修回流搅拌装置 2. 能维护回流搅拌装置	1. 搅拌活塞构造和原理 2. 回流搅拌装置构造和原理
	（三）户用沼气进出料装备维护	1. 能维护进料清杂格栅 2. 能维护进出料车 3. 能维护出料潜污泵	1. 进料清杂格栅构造 2. 沼肥抽运车构造和原理 3. 机动出料泵构造和原理
	（四）后处理装备维护	1. 能更换净化池软填料 2. 能更换净化池硬填料	1. 生活污水净化沼气工程原理 2. 软硬填料功能和原理
五、沼肥综合利用	（一）沼液综合利用	1. 能完成农作物沼液浸种 2. 能完成农作物沼液喷施	1. 沼液成分和作用 2. 农作物浸种知识
	（二）沼渣综合利用	1. 能完成沼渣农作物基施 2. 能完成沼渣农作物追施	1. 沼渣成分和作用 2. 作物营养相关知识
六、培训管理	（一）宣传培训	1. 能编制户用沼气培训墙报 2. 能编制用户沼气日常管理明白纸	1. 户用沼气日常管理常识 2. 户用沼气设备构造知识

（续）

职业功能	工作内容	技能要求	相关知识
六、培训管理	（二）经营管理	1. 能制定沼气村级服务网点管理制度 2. 能管理沼气村级服务网点	1. 沼气村级服务网点管理模式 2. 经营管理基础知识

5.2 技师

职业功能	工作内容	技能要求	相关知识
一、发酵装置运行维护	（一）中小型沼气工程原料预处理	1. 能预处理养殖粪污 2. 能预处理设施农业废料	1. 养殖粪污特性 2. 设施农业废料特性
	（二）中小型沼气工程日常运行	1. 能完成碳氮配比计算 2. 能完成浓度配料计算 3. 能调试发酵负荷	1. 碳氮配比相关知识 2. 浓度配料相关知识 3. 发酵负荷相关知识
	（三）中小型沼气工程故障诊治	1. 能诊治酸化故障 2. 能诊治碱化故障 3. 能诊治生活污水净化沼气工程故障	1. 酸化故障诊治知识 2. 碱化故障诊治知识 3. 生活污水净化沼气工程常见故障
	（四）中小型沼气工程安全生产	1. 能维护避雷装置 2. 能完成气柜沼气置换	1. 避雷装置相关知识 2. 储气柜工作原理 3. 沼气置换相关知识
二、输配装备运行维护	（一）中小型沼气工程工艺管道维护	1. 能维护沼气管路附件 2. 能处理管路附件故障	1. 沼气管路附件构造知识 2. 沼气管路附件安装知识
	（二）中小型沼气工程储气装置维护	1. 能维护沼气储气柜水封池 2. 能维护沼气储气柜 3. 能维护导向机构	1. 沼气储气装置构造知识 2. 沼气储气装置安装知识
	（三）中小型沼气工程净化装置维护	1. 能维护干式脱硫装置 2. 能再生干式脱硫剂 3. 能维护湿式脱硫装置 4. 能处置湿式脱硫液	1. 干式脱硫装置相关知识 2. 干式脱硫剂再生知识 3. 湿式脱硫装置相关知识 4. 湿式脱硫液再生相关知识

（续）

职业功能	工作内容	技能要求	相关知识
二、输配装备运行维护	（四）中小型沼气工程监控设备维护	1. 能维护微电脑时控开关 2. 能维护沼气流量计	1. 微电脑时控开关原理 2. 沼气流量计构造和原理
三、使用装备运行维护	（一）沼气锅炉维护	1. 能维护沼气锅炉 2. 能处理沼气锅炉故障	1. 沼气锅炉构造和原理 2. 沼气锅炉安装知识
	（二）沼气采暖装置维护	1. 能维护沼气采暖装置 2. 能处理沼气采暖装置故障	1. 沼气采暖装置构造和原理 2. 沼气采暖装置安装知识
四、配套装备运行维护	（一）加热设备维护	1. 能维护太阳能加热装置 2. 能维护太阳能加热管网 3. 能维护太阳能加热系统	1. 太阳能加热系统相关知识 2. 加热设备安装技术要求
	（二）搅拌设备维护	1. 能维护潜水搅拌机 2. 能维护潜水搅拌机导轨 3. 能安装潜水搅水机拌控制器	1. 潜水搅拌机构造知识 2. 潜水搅拌机控制器相关知识
	（三）进出料装备维护	1. 能维护物料粉碎机 2. 能维护粪草分离机	1. 物料粉碎机相关知识 2. 粪草分离机相关知识
	（四）后处理装备维护	1. 能维护氧化塘 2. 能维护人工湿地	1. 氧化塘相关知识 2. 人工湿地相关知识
五、沼肥综合利用	（一）沼液综合利用	1. 能进行沼液无土栽培 2. 能利用沼液养鱼	1. 沼液无土栽培相关知识 2. 沼液养鱼相关知识
	（二）沼渣综合利用	1. 能利用沼渣栽培食用菌 2. 能利用沼渣配制营养土	1. 沼渣食用菌生产相关知识 2. 沼渣营养土生产相关知识
六、培训管理	（一）宣传培训	1. 能编写沼气培训教案 2. 能编写用户管理指南	1. 教案编写方法和技巧 2. 管理指南编写方法和技巧
	（二）经营管理	1. 能制定沼气集中供气站管理制度 2. 能管理沼气集中供气站	沼气集中供气相关知识

5.3 高级技师

职业功能	工作内容	技能要求	相关知识
一、发酵装置运行维护	（一）大型沼气工程原料处理	1. 能预处理秸秆原料 2. 能预处理生活有机垃圾 3. 能预处理沼气原料植物	1. 秸秆原料特性 2. 生活有机垃圾特性 3. 沼气原料植物特性
	（二）大型沼气工程日常运行	1. 能调控发酵料液酸碱度 2. 能调控原料营养平衡 3. 能调控沼气成分变化	1. 产酸与产甲烷平衡知识 2. 原料营养平衡相关知识 3. 沼气成分变化影响因素
	（三）大型沼气工程故障诊治	1. 能处理换料不产气故障 2. 能处理发酵中断故障 3. 能处理产气不正常故障	1. 换料不产气故障原因 2. 发酵中断故障原因 3. 产气不正常故障原因
	（四）大型沼气工程安全生产	1. 能维护消防设施 2. 能维护灭火器	1. 消防设施相关知识 2. 灭火器构造和原理
二、输配装备运行维护	（一）大型沼气工程工艺管道运行维护	1. 能维护进料布料系统 2. 能维护输气管网系统 3. 能维护排料出渣系统	1. 进料布料系统相关知识 2. 输气管网系统相关知识 3. 排料出渣系统相关知识
	（二）大型沼气工程储气装置运行维护	1. 能维护柔性储气设备 2. 能维护增压设备 3. 能维护高压储气设备 4. 能维护减压调压设备	1. 柔性储气设备相关知识 2. 增压设备相关知识 3. 高压储气设备相关知识 4. 减压调压设备相关知识
	（三）大型沼气工程净化装置运行维护	1. 能维护生物脱硫装置 2. 能处理生物脱硫装置故障	1. 生物脱硫原理 2. 生物脱硫设备构造
	（四）大型沼气工程监控设备运行维护	1. 能维护自动控制设备 2. 能维护在线检测设备	1. 自动控制设备相关知识 2. 在线检测设备相关知识
三、使用装备运行维护	（一）沼气发电机组运行维护	1. 能维护沼气发电机组 2. 能处理沼气发电机组故障	沼气发电机组相关知识
	（二）大型沼气工程换热装备运行维护	1. 能维护沼气换热装备 2. 能处理沼气换热装备故障	沼气换热装备相关知识

（续）

职业功能	工作内容	技能要求	相关知识
四、配套装备运行维护	（一）大型沼气工程加热设备运行维护	1. 能维护沼气工程加热装置 2. 能维护沼气工程加热调控装置	1. 沼气工程加热系统知识 2. 沼气工程加热调控装置相关知识
	（二）大型沼气工程搅拌设备运行维护	1. 能维护机械搅拌装置 2. 能调试机械搅拌装置 3. 能维护机械搅拌调控装置	1. 机械搅拌装置构造知识 2. 机械搅拌调控装置相关知识
	（三）大型沼气工程进出料设备运行维护	1. 能维护进料清杂机 2. 能维护固液分离机 3. 能维护沼肥加工装备	1. 进料清杂机相关知识 2. 固液分离机相关知识 3. 沼肥加工装备相关知识
	（四）大型沼气工程后处理设备运行维护	1. 能维护曝气设备 2. 能维护化学处理设备	1. 曝气设备相关知识 2. 化学处理设备相关知识
五、沼肥综合利用	（一）沼液综合利用	1. 能利用沼液生产花卉 2. 能利用沼液生产叶面肥	1. 花卉品种与栽培知识 2. 叶面肥生产工艺知识
	（二）沼渣综合利用	1. 能利用沼渣生产商品肥 2. 能利用沼渣养殖鳝鱼等	1. 沼气发酵剩余物特性知识 2. 商品肥生产工艺知识
六、培训管理	（一）宣传培训	1. 能制作沼气培训课件 2. 能使用多媒体投影仪	1. 课件制作方法和技巧 2. 多媒体投影仪构造和原理
	（二）经营管理	1. 能制定沼气站管理制度 2. 能管理沼气站生产	管理学相关知识

6　比重表

6.1　理论知识

项　　目		高级 （％）	技师 （％）	高级技师 （％）
基本要求	职业道德	5	5	5
	基础知识	20	20	20

（续）

项　目		高级 （%）	技师 （%）	高级技师 （%）
相关 知识	一、发酵装置运行维护	27	27	27
	二、输配装备运行维护	10	16	16
	三、使用装备运行维护	8	6	6
	四、配套装备运行维护	12	12	12
	五、沼肥综合利用	10	7	7
	六、培训管理	8	7	7
合计		100	100	100

6.2　技能操作

项　目		高级 （%）	技师 （%）	高级技师 （%）
相关 知识	一、发酵装置运行维护	36	35	35
	二、输配装备运行维护	12	21	21
	三、使用装备运行维护	14	9	9
	四、配套装备运行维护	20	19	19
	五、沼肥综合利用	12	10	10
	六、培训管理	6	6	6
合计		100	100	100

附录2　各种能源折算标准煤参考值表

能源种类	折算煤系数	能源种类	折算煤系数
煤炭	0.714	秸秆	0.464
焦炭	0.943	稻秆	0.429
石油	1.429	麦秆	0.500
天然气	1.214	玉米秆	0.500
液化石油气	1.714	高粱秆	0.500
城市煤气	0.571	大豆秆	0.529
汽油	1.471	薯类	0.429
柴油	1.571	杂粮	0.471
煤油	1.471	油料作物	0.500
重油	1.429	蔗叶	0.471
渣油	1.286	蔗渣	0.500
电	0.400	棉花秆	0.529
沼气	0.714	薪柴	0.571
粪便	0.429	青草	0.429
人粪	0.500	荒草、牧草	0.471
猪粪	0.429	树叶	0.471
牛粪	0.471	水生作物	0.429
骡马粪	0.529	绿肥	0.429
羊粪	0.529		
兔粪	0.529		

附录3　国际单位制与工程单位制的单位换算表

（1）压力单位换算

Pa 帕	bar 巴	At（kgf/cm²） 工程大气压	atm 标准气压	mmHg 毫米汞柱	mmH$_2$O 毫米水柱
1×10^5	1	1.019 7	$9.869\ 2 \times 10^{-1}$	$7.500\ 6 \times 10^2$	$1.019\ 7 \times 10^4$
1	1×10^{-5}	$1.019\ 7 \times 10^{-5}$	$9.869\ 2 \times 10^{-6}$	$7.500\ 6 \times 10^{-3}$	$1.019\ 7 \times 10^{-1}$
$9.806\ 7 \times 10^4$	$9.806\ 7 \times 10^{-1}$	1	$9.678\ 4 \times 10^{-1}$	$7.355\ 6 \times 10^2$	1×10^4
$1.013\ 3 \times 10^5$	1.013 3	1.033 2	1	$7.600\ 0 \times 10^2$	$1.033\ 2 \times 10^4$
$1.333\ 2 \times 10^2$	$1.333\ 2 \times 10^{-3}$	$1.359\ 5 \times 10^{-3}$	$1.315\ 8 \times 10^{-3}$	1	$1.359\ 5 \times 10^1$
9.806 7	$9.806\ 7 \times 10^{-5}$	1×10^{-4}	$9.678\ 4 \times 10^{-5}$	$7.355\ 6 \times 10^{-2}$	1

（2）功、能量、热量单位换算

kJ 千焦	kgf·m 千克力米	kcal 千卡	kW·h 千瓦时	马力小时
1	$1.019\ 7 \times 10^2$	$2.388\ 5 \times 10^{-2}$	$2.777\ 8 \times 10^{-4}$	$3.776\ 7 \times 10^{-4}$
$9.806\ 7 \times 10^{-3}$	1	$2.342\ 3 \times 10^{-3}$	$2.724\ 1 \times 10^{-6}$	$3.703\ 7 \times 10^{-6}$
4.186 8	$4.269\ 4 \times 10^2$	1	1.163×10^{-3}	$1.581\ 2 \times 10^{-3}$
$3.600\ 7 \times 10^3$	3.671×10^5	$8.598\ 5 \times 10^2$	1	1.359 6
$2.647\ 8 \times 10^3$	$2.700\ 5 \times 10^5$	$6.324\ 2 \times 10^2$	7.355×10^{-1}	1

（3）功率单位换算

W 瓦	kcal/h 千卡每时	kgf·m/s 千克力米每秒	马力
1	$8.598\ 5 \times 10^{-1}$	$1.019\ 7 \times 10^{-1}$	$1.359\ 6 \times 10^{-3}$
1.163	1	$1.185\ 9 \times 10^{-1}$	$1.581\ 2 \times 10^{-3}$
9.806 5	8.432 2	1	$1.333\ 3 \times 10^{-2}$
7.355×10^2	$6.324\ 2 \times 10^2$	75	1

附录4 某些物理量的符号、单位与量纲

常见物理量	符号	单位名称（简称）	单位符号	量纲
长度	L，l	米	m	L
时间	T，t	秒	s	T
质量	m	千克	kg	M
力、压力	F	牛顿（牛）	N	MLT^{-2}
体积	V	立方米，升	m^3，L	L^3
热力学温度	T	开尔文（开）	K	Θ
摄氏温度	t	摄氏度	℃	Θ
功，能，热量	W，E，Q	焦耳（焦）	J	ML^2T^{-2}
功率	P	瓦特（瓦）	W	ML^2T^{-3}
转速	n	转每分	r/min	T^{-1}
密度	ρ	千克每立方米	kg/m^3	ML^3
比体积	v	立方米每千克	m^3/kg	L^3M^{-1}
体（膨）胀系数	αv	负一次方开	K^{-1}	Θ^{-1}
体积模量	K	帕	Pa	$ML^{-1}T^{-2}$
气体常数	Rg	焦耳每千克开	J/（kg·k）	
汽化压强	Pv	帕	Pa	$ML^{-1}T^{-2}$
单位质量力	a_m	米每二次方秒	m/s^2	LT^{-2}
压力体体积	V_F	立方米	m^3	L^3
汞柱高度	h	毫米	mm	L
水柱高度	h	米	m	L
体积流量	qv	立方米每秒，升每分	m^3/s，L/min	L^3T^{-1}

附录5 常用计量单位表

(1) 公制计量单位

①长度

名称	千米	米	分米	厘米	毫米	丝米	忽米	微米
代号	km	m	dm	cm	mm	dmm	cmm	μm
等量	1 000 米	10 分米	10 厘米	10 毫米	10 丝米	10 忽米	10 微米	

②面积

名称	平方千米	平方米	平方分米	平方厘米	平方毫米
代号	km^2	m^2	dm^2	cm^2	mm^2
等量	1 000 000 平方米	100 平方分米	100 平方厘米	100 平方毫米	

③体积

名称	立方米	立方分米	立方厘米	立方毫米
代号	m^3	dm^3	cm^3	mm^3
等量	1 000 立方分米	1 000 立方厘米	1 000 立方毫米	

④重量

名称	吨	千克	克	毫克	微克	纳克	皮克
代号	T	kg	g	mg	μg	ng	pg
等量	1 000 千克	1 000 克	1 000 毫克	1 000 微克	1 000 纳克	1 000 皮克	

(2) 市制计量单位

①长度

名称	里	丈	尺	寸	分	厘	毫
等量	150 丈	10 尺	10 寸	10 分	10 厘	10 毫	

②面积

名称	平方里	平方丈	平方尺	平方寸	平方分	平方厘	平方毫
等量	22 500 平方丈	100 平方尺	100 平方寸	100 平方分	100 平方厘	100 平方毫	

附录6　常用计量单位比较

（1）长度

1千米（公里）＝2市里＝0.621英里＝0.540海里

1米（公尺）＝3市尺＝3.281英尺

1市里＝0.500公里＝0.311英里＝0.270海里

1市尺＝0.333米＝1.094英尺

1英里＝1.609公里＝3.219市里＝0.868海里

1英尺＝0.305米＝0.914市尺

1海里＝1.852公里＝3.704市里＝1.151英里

（2）面积

1公顷＝15市亩＝2.471英亩

1市亩＝6.667公亩＝0.165英亩

1市亩＝60平方丈＝666.7米^2

1英亩＝0.405公顷＝6.070市亩

（3）重量

1千克＝2市斤＝2.205磅

（4）容量

1升（公制）＝1市升＝0.220加仑（英制）

1加仑（英制）＝4.456升＝4.456市升

参 考 文 献

白金明 . 2002. 沼气综合利用 . 北京：中国农业科学技术出版社 .

白廷弼 . 1990. 新型家用水压式沼气池 . 兰州：甘肃科技出版社 .

卞有生 . 2000. 生态农业中废弃物的处理与再生利用 . 北京：化学工业出版社 .

曹国强 . 1986. 沼气建池 . 北京：北京师范学院出版社 .

顾树华，张希良，王革华 . 2001. 能源利用与农业可持续发展 . 北京：北京出版社 .

郭世英，蒲嘉禾 . 1988. 中国沼气早期发展历史 . 重庆：科技文献出版社重庆分社 .

胡海良，卢家翔 . 1998. 南方沼气池综合利用新技术 . 南宁：广西科技出版社 .

黄光裕 . 1992. 农村沼气实用技术 . 长沙：湖南科技出版社 .

李长生 . 1995. 农家沼气实用技术 . 北京：金盾出版社 .

刘英 . 2002. 农村沼气实用新技术 . 成都：农业部沼气科学研究所 .

农业部环境能源司，中国农学会 . 2003. 农村沼气技术挂图 . 北京：中国农业出版社 .

农业部环境能源司，中国农学会 . 2003. 水稻生态栽培技术系列挂图 . 北京：中国农业出版社 .

农业部环境能源司，中国农业出版社编绘 . 2001. 生态家园进农家 . 北京：中国农业出版社 .

农业部环境能源司，中国农业出版社编绘 . 2002. 沼气用户手册 . 北京：中国农业出版社 .

农业部环境能源司 . 1990. 沼气技术手册 . 成都：四川科技出版社 .

农业部环境能源司 . 1990. 中国沼气十年 . 北京：中国科学技术出版社 .

农业部环境能源司 . 1995. 北方农村能源生态模式 . 北京：中国农业出版社 .

农业部沼气科学研究所 . 2001. 农村沼气生产与利用 100 问 . 北京：中国农业科技出版社 .

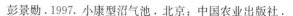

彭景勋.1997.小康型沼气池.北京：中国农业出版社.

邱凌.1990.沼气发酵与综合利用.成都：天地出版社.

邱凌.1997.农家沼气综合利用技术.西安：西北大学出版社.

邱凌.1997.沼气与庭园生态农业.北京：经济管理出版社.

邱凌.1998.农村沼气工程理论与实践.西安：世界图书出版公司.

邱凌.2003.农村庭园沼气技术.杨凌：农业部沼气产品质检中心西北工作站.

邱凌.2007.庭园沼气高效生产与利用.北京：科技文献出版社.

邱凌.2004.沼气生产工（上册）.北京：中国农业出版社.

宋洪川，张无敌，尹芳.2003.农村户用沼气池知识问答.昆明：云南科技出版社.

王革华.1999.农村能源基础知识.北京：中国农业大学出版社.

谢建.1999.太阳能利用技术.北京：中国农业大学出版社.

杨邦杰.2002.农业生物环境与能源工程.北京：中国科学技术出版社.

姚永福，徐洁泉.1989.中国沼气技术.北京：中国农业出版社.

苑瑞华.2001.沼气生态农业技术.北京：中国农业出版社.

张百良.1999.农村能源工程学.北京：中国农业出版社.

张无敌，宋洪川，尹芳.2003.沼气发酵残留物综合利用技术.昆明：云南科技出版社.

张无敌.2002.沼气发酵残留物利用基础.昆明：云南科技出版社.

郑平，冯孝善.1997.废物生物处理理论和技术.杭州：浙江教育出版社.

中华人民共和国国家标准.GB/T 3606—2001 家用沼气灶.北京：中国标准出版社.

中华人民共和国国家标准.GB/T 4750—2002 户用沼气池标准图集.北京：中国标准出版社.

中华人民共和国国家标准.GB/T 4751—2002 户用沼气池质量检查验收规范.北京：中国标准出版社.

中华人民共和国国家标准.GB/T 4752—2002 户用沼气池施工操作规程.北京：中国标准出版社.

中华人民共和国国家标准.GB 7636—1987 农村家用沼气管路设计规程.北京：中国标准出版社.

中华人民共和国国家标准.GB 7637—1987 农村家用沼气管路施工安装操作规程.北京：中国标准出版社.

中华人民共和国国家标准.GB 9958—1988 农村家用沼气发酵工艺规程.北

京：中国标准出版社．

中华人民共和国农业部行业标准．NY/T 344—1998 家用沼气灯．北京：中国标准出版社．

中华人民共和国农业部行业标准．NY/T 465—2001 户用农村能源生态工程南方模式设计施工与使用规范．北京：中国标准出版社．

中华人民共和国农业部行业标准．NY/T 466—2001 户用农村能源生态工程北方模式设计施工与使用规范．北京：中国标准出版社．

周孟津，张榕林，蔺金印．2004．沼气实用技术．北京：化学工业出版社．

周孟津．1999．沼气生产利用技术．北京：中国农业大学出版社．

FNR (2010b)：Guide to Biogas. From production to use. Fachagentur Nachwachsende Rohstoffe e. V.（FNR）（Hrsg.），5th, completely revised edition, Gülzow, 2010, English version of the " Leitfaden Biogas", jointly financed by GIZ projects, 229 p. www. fnr. de www. biogasportal. info.

Möller, K., Schulz, R., Müller, T.（2009）：Mit Gärresten richtig Düngen. Aktuelle Informationen für Berater. Institut für Pflanzenernährung, Universität Hohenheim; in Zusammenarbeit mit E. ON Bioerdgas GmbH, Ansprechpartner：Hermann Deupmann; E. ON Ruhrgas AG, Ansprechpartner：Alexander Vogel. 55.

M. 德莫因克，M. 康斯坦得．1992．欧洲沼气工程和沼气利用．成都：成都科技大学出版社．

Stamm, N.（2013）：Nutrient recycling from animal slurries-solutions for minimizing eutrophication and environmental pollution. Ph. D. dissertation. University of Bonn, Germany, 158.